(un)saubere Katzen

Wenn der Stubentiger Hilfe braucht

Stefanie Vogt

1. Auflage, Juni 2016
Cover-Design: puvo-productions, Josephine Mark
Selbstverleger: Stefanie Vogt, Jüdenhainer Str. 3c, 08058 Zwickau

ISBN-13: 978-1534614000
ISBN-10:1534614001

Dieses Buch ist für Stan, Olli und Tobi,

ohne die es nie dazu gekommen wäre.

TEIL ZWEI: BEISPIELE UND DEREN LÖSUNGEN 52

Vorwort

Warum noch ein Buch über unsaubere Katzen?

Weil es notwendig ist!

Ich habe auf unserem Blog festgestellt, dass eine Menge Leute Probleme mit unsauberen Katzen haben und dass es oftmals schwierig ist, allgemeine Ratschläge auf dieses spezielle Problem anzuwenden.

Daher wird dieses Buch in zwei Teile gegliedert sein:

Im ersten und allgemeinen Teil wird es Hintergrundinformationen und Wissenswertem rund um das große Thema Unsauberkeit und Harnmarkieren bei Katzen geben. Dieser dient dazu ein Verständnis zu schaffen, was der Unterschied ist zwischen beidem, welche möglichen Ursachen es gibt und gibt allgemein mögliche Tipps zu Gegenmaßnahmen.

Im zweiten Teil habe ich die vielen Kommentare, die mir auf unserem Blog begegnet sind, aufbereitet. Es gibt immer ein kleines Fallbeispiel, welches das Problem beschreibt und die individuell dazu anwendbaren Lösungsansätze.

So ist ein (hoffentlich) sehr anschauliches und umfassendes Buch entstanden, in dem sich jeder Katzenbesitzer wiederfinden und eine Lösung für sein Problem finden kann.

TEIL EINS: Wissenswertes rund um Unsauberkeit bei Katzen

Vielleicht kennt der eine oder andere Katzenbesitzer die Situation: Bisher war alles wunderbar, Katze und Mensch lebten harmonisch nebeneinander und auf einmal benutzt die Katze nicht mehr ihre Katzentoilette. Sie wird unsauber, pinkelt neben das Katzenklo, auf den Teppich, in eine Ecke oder gar ins Bett.

Insbesondere, wenn es das erste Mal ist, wissen viele Katzenbesitzer nicht, wie sie darauf reagieren sollen und vor allem, was sie tun können, damit der Stubentiger wieder sein Katzenklo benutzt. Manch ein Dosenöffner, fragt sich, was er oder sie falsch gemacht hat und manch ein anderer gibt der Katze die Schuld.

In allen diesen Fällen gilt: Als erstes ist Ruhe gefragt!

Du solltest dir unbedingt bewusst machen, dass, so ärgerlich die Situation auch sein mag, deine Katze dich nicht ärgern möchte! Katzen pinkeln nicht mit Absicht oder aus lauter Böswilligkeit in die Ecke ins Wohnzimmer oder auf die Couch oder ins Bett. Für eine unsaubere Katze gibt es immer einen Grund. Nur manchmal ist der für uns Katzenbesitzer nicht so einfach zu sehen oder zu finden. Denn im Grunde genommen sind Katzen sehr reinliche Tiere und hängen sehr stark an ihren Gewohnheiten wie beispielsweise das Verrichten des Geschäftes im Katzenklo. Wenn sie diese Gewohnheit ändern, gibt es dafür eine triftige Ursache.

Bevor ich dir nun mögliche Ursachen und Lösungsansätze aufzeige, beschäftigen wir uns im nächsten Kapitel erst einmal mit dem Unterschied zwischen Unsauberkeit und Markieren.

Kapitel 1: Pinkeln oder Markieren - warum ist meine Katze unsauber?

In diesem Kapitel geht es um den Unterschied zwischen Harnmarkierungen und Unsauberkeit. Es soll dir zeigen, wie du beides voneinander unterscheiden kannst und gibt dir allgemeine Tipps für Dinge, die du tun kannst und unbedingt lassen solltest.

Warum und wie unterscheide ich Harnmarkieren und Unsauberkeit bei Katzen?

Zu erst einmal ist es wichtig zu wissen, dass du die klassische Unsauberkeit von einem Markieren durch Urin oder Kot unterscheiden solltest, weil es verschiedene Probleme sind, die ganz unterschiedliche Lösungen erfordern!

Das Harnmarkieren ist an sich eine vollkommen natürliche Verhaltensweise für eine Katze. Sie kommunizieren nicht nur über Laute und Körpersprache sondern eben auch über Markierungen und damit verbundene Gerüche. Markierungen erfolgen dabei entweder durch Berührungen oder das Absetzen von Kot und Urin.

Solche Markierungen durch Berührungen kennen alle Katzenbesitzer. Es handelt sich dabei um das Köpfeln oder Entlangstreichen mit dem Körper, mit dem viele Katzen ihre Dosenöffner begrüßen und damit wieder zu einem Teil ihres Reviers machen. Oder auch das Reiben des Gesichtes insbesondere der Partie um den Mund an interessanten Punkten in der Wohnung oder im Garten oder das Verteilen von Duftstoffen durch die Pfoten ist ein Teil des Markieren.

In der Natur gehört zum Markieren aber eben auch das Setzen von Harn- und (seltener) Kotmarkierungen. Dadurch teilen die Katzen sich untereinander mit, wer sie sind und wie es ihnen geht. Es handelt sich um eine natürliche Verhaltensweise. Unkastrierte Kater markieren dabei meistens mehr als unkastrierte Katzen und erheblich mehr als kastrierte Katzen oder Kater. Aber es ist falsch zu sagen, dass kastrierte Katzen und Kater gar nicht mehr markieren. In den meisten Fällen stimmt diese Behauptung zwar, aber beispielsweise durch eine unvollständige oder unsachgemäße Kastrationen können auch kastrierte Katzen und Kater markieren.

Es handelt sich beim Harnmarkieren also um eine natürliche Verhaltensweise und keine Verhaltensauffälligkeit, die es zu therapieren gilt!

Im Zusammenleben mit uns Menschen ist dieses normale Katzenverhalten eine nicht immer einfach zu ertragende geruchliche Belastung, die wir gerne unterbinden würden. Was du gegen ein Harnmarkieren tun kannst, beschreibe ich dir im Kapitel „Was kann ich tun, wenn meine Katze markiert".

Anders sieht das aus, wenn es sich um eine klassisches unsaubere Katze handelt. Denn das normale, natürlich Verhalten einer Katze sieht feste Orte für ihr kleines und großes Geschäft vor. Katzen sind sehr reinliche Tiere und trennen zwar oftmals die Orte für kleines und großes Geschäft (daher auch die Faustformel: Anzahl der Katzen +1 = benötigte Anzahl der Katzenklos, die im Kapitel „Kapitel 4 - Das stille Örtchen für die Katze" ausführlich besprochen wird), pinkeln aber nicht grundlos irgendwo hin. Das heißt der Unsauberkeit einer Katze liegt ein für die Katze sehr wichtiges Problem zu Grunde, das es zu lösen gilt. Dass dieser Grund für uns Katzenbesitzer nicht immer so einfach ersichtlich ist, stellt ein nicht unerhebliches Problem dar.

Du weißt nun, dass du Harnmarkieren vom Pinkeln unterscheiden solltest, weil es sehr verschiedene Verhaltensweisen sind, gegen die du unterschiedlich vorgehen musst. Aber wie kannst du beides nun tatsächlich voneinander unterscheiden?

Es ist am einfachsten das Harnmarkieren vom Pinkeln zu unterscheiden, wenn du deine Katze dabei beobachtest.

Das Pinkeln läuft in der Regel so ab, dass sowohl Katze als auch Kater versuchen eine Kuhle scharren, sich dann in diese Kuhle hocken und nach dem Geschäft dieses versuchen (mit mehr oder weniger großem Erfolg) zu verscharren. Das Verscharren sorgt in freier Wildbahn dafür, dass mögliche Feinde nicht direkt und unmittelbar auf die Stelle und damit das Revier der Katze aufmerksam werden. In der sicheren Umgebung unsrer Wohnungen schenken viele domestizierte Katzen dem Verscharren nicht mehr ganz so viel Aufmerksamkeit.

Das Markieren erfolgt nach einem anderen Schema: Erst riecht der Kater oder auch die Katze an der Stelle, die sich üblicherweise etwa auf Katzennasenhöhe befindet. Danach drehen sie sich um, strecken das Hinterteil nach oben, wobei der Schwanz steil nach oben gerichtet ist und mehr oder weniger wild zuckt, und markieren senkrecht nach hinten. Anschließend wird die Stelle noch einmal ausgiebig beschnuppert. Diese Markierung soll anderen Revier-fremden Katzen deutlich machen, dass sie in dieser Gegend nichts zu suchen haben. Daher ist das Absetzen in Schnüffelhöhe einer Katze sinnvoll und die Harnmarkierung wird senkrecht nach hinten abgesetzt.

Wenn du keine Gelegenheit hast Deinen Stubentiger dabei zu beobachten, dann kannst du die folgenden Tipps versuchen:

- Befindet sich die Pfütze eher am Boden (Teppich, Bett, Sofa, auf dem Boden liegende Kleidung)? Dann handelt es sich eher um eine Unsauberkeit.
- Befindet sich die Pfütze am Boden an markanten Stellen in der Wohnung (Schränke, Türen oder auch Wände vielleicht auch in Fenster- oder Türnähe) und findet sich auch Urin in Höhe des Hinterns deiner Katze? Dann ist es wahrscheinlich ein Markieren. (Manchmal ist das schwierig herauszufinden, weil der Urin am Schrank/ an der Tür schon getrocknet ist und nur noch die Pfütze am

Boden zu sehen ist. Dann kannst du dir mit Schwarzlicht helfen, mit dem du auch getrockneten Urin erkennen kannst.)

Die Menge des Urins also die Größe der Pfütze ist dabei nicht sehr aussagekräftig. Denn auch beim Harnmarkieren können große Mengen an Urin abgegeben werden.

Allgemeine Tipps bei einer unsauberen Katze

Der allererste Tipp, den ich dir auch schon am Anfang dieses Buches gegeben habe, ist: Du solltest auf jeden Fall ruhig bleiben!

Die Ursachenfindung erfordert oftmals ein wenig oder auch ein wenig mehr Detektivarbeit, gerade wenn Ursache und Folge zeitlich nicht genau aufeinander bezogen werden können. Auf mögliche Gründe und ihre Lösungen gehe ich später im Kapitel „Was kann ich tun, wenn meine Katze unsauber ist“ genauer ein und du findest im zweiten Teil dieses Buches dazu auch zahlreiche Fallbeispiele.

Wenn gar nichts mehr hilft und es aussichtslos scheint, die Ursache zu finden und zu beseitigen, dann kann dir ein Tierpsychologe helfen. In diesem Abschnitt soll es aber um die 10 wichtigsten Tipps gehen, die du vor jeder Ursachenforschung beherzigen solltest:

1. Bleib ruhig und schenke deiner Katze besonders viel Aufmerksamkeit und Liebe.

Denn laut werden oder dich aufregen, verunsichert deine Katze nur noch mehr und kann zu einer Verstärkung ihrer Unsauberkeit führen. Durch ein ruhiges, liebevolles Auftreten stärkst du hingegen ihr Vertrauen in dich und löst das Problem vielleicht ohne es zu kennen.

2. Lass deine Katze oder deinen Kater kastrieren.

Das solltest du tun, sobald sie im richtigen Alter sind. Dadurch verringerst du für dich die Gefahr von Harnmarkierungen. Für deine Katze und deinen Kater verminderst du den durch die Hormone ausgelösten Stress. Denn Rollig werden ist für Katzen kein Spaß.

3. Schließe durch einen Besuch beim Tierarzt körperliche Ursachen aus.

Das können Blasen- oder Nierensteine, Blasen- oder Nierenerkrankungen und ähnliches sein.

4. Entferne die Uringerüche gründlich und vollständig.

Das geht am Besten mit Essigreiniger oder speziellen Reiniger aus dem Zoofachhandel. Das Ziel ist es, den Geruch gründlich zu neutralisieren, damit diese Stelle nicht durch den Geruch als Katzenklo angesehen wird.

5. Stell an die Pinkelstelle ein zusätzliches Katzenklo.

Wenn es dir möglich ist, dann solltest du auf jeden Platz, an den die Katze gepinkelt hat, ein möglichst zusätzliches Katzenklos stellen. Manchmal reichen dafür auch Papierkisten mit einer wasserfesten Einlage und etwas Katzenstreu oder Einmal-Katzentoiletten. Ziel ist es, dass sich die Katze wieder an das Klo gewöhnt und nicht an den Teppich als Pinkelunterlage.

6. Gib der Pinkelstelle eine neue Funktion.

Alternativ zu dem zusätzlichen Katzenklo, kannst du die Stelle auch als neue Futterstelle deklarieren und einen Napf mit Futter oder Wasser hinstellen. Katzen pinkeln nicht dort, wo sie essen.

7. Mach die Pinkelstelle unattraktiv.

Sollten die beiden vorher genannten Maßnahmen nicht möglich sein, dann lege oder befestige nach der Reinigung Alu- oder Plastikfolie auf die Stelle. Katzen mögen lieber auf weiche und ruhige Unterlagen wie einen Teppich pinkeln. Bei größeren Gegenständen helfen auch Wachstuchtischdecken, wie sie für Gartentische verwendet werden.

8. Besprühe die Stelle mit einem starken und beißenden Geruch.

Wenn das alles nicht geht, dann nutze Gerüche wie Zitrone, Pfeffer oder Zwiebeln. Katzennasen sind viel empfindlicher und wenn sie etwas in die Nase zwickt, dann pinkelt sie dort nicht.

9. Versuch deine Katze auf frischer Tat zu erwischen.

Schaffst du das tatsächlich, dann hilft ein lautes und bestimmtes „Nein" und das sofortige Tragen der Fellnase in ihr Katzenklo und ein ausführliches Loben, wenn sie dort auch nur etwas scharrt. Du solltest sie aber wirklich auf frischer Tat ertappen, denn Katzen können nur Geschehnisse innerhalb von ein paar Sekunden miteinander in Verbindung bringen. Das gilt für Lob und Tadel gleichermaßen!

10. Ersetze alte Badezimmermatten.

Pinkelt deine Katze auf deine schon ältere Badezimmermatte, dann riecht diese wahrscheinlich mittlerweile für Katzennasen sehr einladend (was ein übliches Verhalten für Badezimmermatten ist egal wie oft man sie wäscht). Entweder tauscht du die Matte gegen eine neue aus oder du legst sie bei Nicht-Benutzung an einen für deinen Stubentiger nicht zugänglichen Ort.

Bedenke bei all diesen Tipps, dass es sich bei Harnmarkierungen um ein natürliches Verhalten deiner Katze handelt. Das heißt, dass in einem solchen Fall Bestrafungen erst Recht nicht hilfreich sind, sondern die Fellnase zusätzlich verunsichern. Im nächsten Kapitel findest du hilfreiche Tipps bei Harnmarkierungen.

Was du auf keinen Fall tun solltest

Es gibt neben den allgemeinen Tipps, die ich dir im vorangegangenen Kapitel genannt habe, auch noch ein paar Dinge, die du unbedingt vermeiden solltest, wenn deine Katze unsauber wird. Denn all diese Verhaltensweisen verbessern die Situation auf gar keinen Fall sondern verschlechtern sie.

Deine Katze anschreien!

Ja, es ist ärgerlich, wenn man nach Hause kommt und die Katze hat auf den Teppich gepinkelt. Aber denk immer daran: sie macht es nicht um dich zu ärgern! Und sie kann dein Geschrei nicht mehr mit dem See in Verbindung bringen. Für sie ist das also eine aus heiterem Himmel kommende Bestrafung, die sie nur noch mehr verängstigt. Und das oftmals suggerierte „Schlechte Gewissen“, das deine Katze angeblich zeigt, ist nur eine Reaktion auf deine schlechte Stimmung.

Die Katze mit der Nase in die Urinpfütze stupsen

Das wird deine Katze nur noch mehr verunsichern und stressen. Sie ist kein erwachsener Mensch und kann den Zusammenhang zwischen ihrem Urinieren und deinem "Nase-in-Urin-stupsen" nicht herstellen. So schaffst du es nur, dass sie das Zutrauen zu dir verliert und noch mehr Angst bekommt.

Ammoniakhaltige Reinigungsmittel verwenden

Ammoniak ist auch in Urin enthalten und wird deine Katze darin bestärken, dass dort ein neuer Pipiplatz ist. Denn nach der Katzenlogik muss alles, was nach Urin riecht, ein Katzenklo sein. Egal wie es dort sonst aussieht.

Deine Katze schütteln oder schlagen

Es versteht sich von selbst, dass du keinem dir anvertrauten und hilflosen Wesen Gewalt antust! Vergleiche eine Katze immer mit einem Baby: würdest du das schlagen nur weil es gerade in dem Moment pinkelt, in dem es keine Windel trägt?

In all dieses Situationen solltest du dir immer vor Augen führen, dass eine Katze niemals an eine andere Stelle als ihr Katzenklo pinkelt, um dich zu ärgern oder aus Protest. Überlegungen der Art „Ich bin mit dem Katzenstreu unzufrieden, deshalb pinkel ich auf den Teppich, damit mein Herrchen/Frauchen merkt, was Sache ist“ sind einer Katze fremd. Sie ist dazu schlicht nicht fähig! Ihre Überlegungen sind eher schlichte Reaktionen wie „Im Katzenklo riecht es immer so unangenehm, da mag ich nicht mehr hinein gehen schon gar nicht so lange wie ich für mein großes Geschäft brauche“.

Also bitte, versuch immer ruhig und gelassen zu bleiben und dich in deine unsaubere Katze hinein zu versetzen. Das mag manchmal schwierig sein, aber es hilft dir zu erkennen, wo das Problem liegt und dieses zu beheben. Denn schließlich möchtest du ja wieder mit deinem Stubentiger unbeschwert zusammen leben.

Kapitel 2: Was kann ich tun, wenn meine Katze markiert?

Harnmarkierungen zu setzen ist eine natürliche Verhaltensweise für deine Katze. Bei all den Lösungen, die ich dir in diesem Kapitel beschreibe, musst du immer im Hinterkopf behalten, dass es keine Verhaltensauffälligkeit oder -störung deines Stubentigers ist. Es ist lediglich ein normales Verhalten, das dich als Mensch im Zusammenleben mit ihr stört.

Wenn du schon sicher weißt, dass deine Katze unsauber ist, kannst du direkt zum nächsten Kapitel „Was kann ich tun, wenn meine Katze unsauber ist" gehen.

Auch wenn das Setzen von Harnmarkierungen ein normales Verhalten von Katzen darstellt, stellt es für uns Menschen eine geruchliche Belastung dar. Und neu auftretendem Markierungsverhalten liegt in den meisten Fällen eine tiefe Verunsicherung deiner Katze zugrunde, die es zu lösen gilt.

Die allererste Möglichkeit, die du bei einer harnmarkierenden Katze in Erwägung ziehen solltest, ist die Kastration der Katze oder des Katers. Dabei werden die Hoden beziehungsweise die Eierstöcke komplett entfernt. Das hat eine stark verminderte Hormonproduktion zur Folge und damit ein insgesamt ruhigeres Verhalten deines Tieres. Damit fällt für deinen Stubentiger sozusagen die Notwendigkeit des Markieren weg. In einem hohen Prozentsatz aller Fälle verhindert eine Kastration ein weiteres Harnmarkieren. (Was allerdings voraussetzt, dass du die Pinkelstellen alle gefunden und den Katzenurin dort vollständig entfernt hast. Tipps und Tricks dazu findest du im Kapitel „Kapitel 5 - Katzenurin entfernen")

Sollte eine Kastration aus irgendwelchen Gründen nicht möglich sein oder tritt das Markieren durch Urin erst nach einer Kastration auf, so gilt es herauszufinden, was deine Katze stresst. Denn üblicherweise markieren Katzen nur in

Situationen, in denen sie das Gefühl haben, ihr Revier sei bedroht. Dann zeigen sie allen möglichen Feinden, dass das ihr Revier ist und sie dort nichts zu suchen haben.

Doch wodurch können Stubentiger sich bedroht fühlen und was kannst du dagegen tun?

Im Grunde genommen musst du ähnliche Überlegungen anstellen wie bei einer unsauberen Katze: Irgendetwas hat bei dem Gewohnheitstier Katze zu einer Veränderung geführt, die es ängstigt.

Im Folgenden habe ich ein paar Beispiele aufgeführt:

Ein neues Familienmitglied greift in das Revier der Fellnase ein.

Das kann ein Baby sein, das beginnt zu krabbeln oder eine zweite Katze, die erwachsen geworden ist und ausprobieren möchte, wer der Stärkere ist. In beiden Fällen ist es wichtig, dem Stubentiger Rückzugsmöglichkeiten zu bieten. Am liebsten haben Katzen dabei hoch liegende Plätze, von denen sie einen guten Überblick über das Geschehen haben und die gut zu verteidigen sind. Das muss nicht immer ein großer Kratzbaum sein, sondern kann auch ein Platz auf einem Schrank oder Regal sein. Sieh dir deine Wohnung ganz bewusst an und überlege, ob dies gegeben ist. Und dabei ist es gerade bei zwei Katzen wichtig, dass jeder die Möglichkeit für seinen eigenen Rückzug hat - auch wenn sie sich sonst noch so gut verstehen. Wenn du mit deinem besten Kumpel oder einer guten Freundin zusammenleben würdest, möchtest du ja auch nicht auf Dauer dein Bett mit ihr teilen, oder?

Neue Gerüche verändern den Reviergeruch.

Du hast neue Möbel, ein anderes Deo oder ein neues Waschpulver, das dafür sorgt, dass das Revier deiner Katze (also deine Wohnung) nicht mehr so riecht wie gewohnt. Wenn deine Fellnase sehr sensibel ist oder die Veränderungen sehr groß sind, dann kann das dazu führen, dass das normale Markieren durch Körperkontakt der Fellnase nicht mehr ausreichend ist. Deiner Katze stinkt es buchstäblich und dagegen setzt sie ihren eigenen Geruch, um sich wieder heimisch zu fühlen. Vielleicht kennst du das Gefühl ja auch, wenn du in eine neue Wohnung ziehst oder ein neues Möbelstück aufstellst. Es dauert eine Weile bis es wie Zuhause riecht. Und nun überleg dir, wie viel besser unsere Katzen riechen können und wie beängstigender es sein muss, wenn du nicht begreifen kannst, warum und woher dieser Geruch und diese Veränderung kommt!

Neue Tiere leben in unmittelbarer Nähe zum Revier

In der Nachbarschaft ist eine neue Katze eingezogen, die ihr Geschäft direkt vor eurem Wohnzimmerfenster verrichtet oder dort markiert oder regelmäßig rollig ist oder auch ein neuer, lauter Hund wohnt nun nebenan. Das - und viele weitere - sind Gründe, die auch dazu führen können, dass dein Stubentiger sich so beunruhigt fühlt, dass er sein Revier durch Markieren verteidigen muss. Obwohl er eine reine Wohnungskatze ist, ist dieses Verhalten instinktiv. Die gleiche oder eine ähnliche Situation kann die Ursache sein, wenn du einen Freigänger hast, der auf einmal anfängt in der Wohnung zu markieren. Nun kannst du natürlich kaum deine Nachbarn bitten auszuziehen oder ihre Haustiere abzuschaffen. Aber du kannst deiner Katze helfen, sich zu entspannen und wieder sicher in den eigenen vier Wänden zu fühlen. Dazu solltest du unbedingt vermeiden, dass fremde Hunde oder Katzen in deine Wohnung und damit in das Revier deiner Katze kommen. Urinflecken anderer Katzen an deiner Hauswand solltest du gründlich entfernen, damit dein Stubentiger sie nicht riechen muss. (Die besten Methoden zu diesem Thema findest du weiter unten im Kapitel „Kapitel 5 - Katzenurin entfernen".) Sollte es nötig sein, könntest du das Fenster durch das sich dein Stubentiger und der freche Eindringling angiften mit einer blickundurchlässigen Folie bekleben. Diese lässt zwar Sonne herein, verhindert aber, dass die beiden sich sehen und kann so helfen den Stress deiner Fellnase zu verringern.

In allen angesprochenen Fällen (und natürlich auch in allen anderen Fällen) geht es immer darum, deiner Katze das Gefühl der Sicherheit wiederzugeben, dass sie verloren hat. Dabei hilft neben den katzengerechten Rückzugsmöglichkeiten auch ganz viel Aufmerksamkeit und Liebe. Eine ausgelastete Wohnungskatze, die du durch regelmäßige Katzenbeschäftigung forderst, wird seltener so verunsichert werden, dass sie ihr Revier durch Urin markieren muss, als eine gelangweilte Fellnase. Es gilt also eine möglichst katzengerechte Umgebung zu schaffen, damit sich auch Stubentiger rundum wohl fühlen.

Kapitel 3: Was kann ich tun, wenn meine Katze unsauber ist?

In diesem Kapitel geht es nun darum, was du machen kannst, wenn deine Katze auf einmal nicht mehr ihr Katzenklo benutzt. Dabei ist es bei den Ursachen nahezu egal, ob sie Kot oder Urin nicht mehr in ihr Katzenklo setzt, vorausgesetzt du weißt, dass sie tatsächlich unsauber ist und nicht markiert. (Was Du bei markierenden Katzen tun kannst, habe ich dir im vorangegangenen Kapitel „Was kann ich tun, wenn meine Katze markiert“ verraten).

Eine klassische Unsauberkeit bei Katzen ist in sehr vielen Fällen Ausdruck einer Erkrankung. Katzen sind wahre Meister darin ihre Krankheiten zu verstecken. Es liegt in ihrer Natur, dass sie Schwäche für eine möglichst lange Zeit nicht zeigen, um nicht ihrerseits Opfer von Räubern zu werden. Daher kann eine plötzlich auftretende Unsauberkeit ohne jegliche Veränderung ein erster Hinweis auf eine Krankheit sein.

Die andere große Ursache für Unsauberkeit bei Katzen sind Veränderungen. Katzen sind Gewohnheitstiere, die es mehr oder weniger gut ertragen können, wenn sich in ihrem Umfeld oder Alltag etwas verändert.

Diese Veränderungen können große und offensichtliche Einschnitte wie die Geburt eines Baby oder eine neue Wohnung sein. Oft sind es aber eher die kleinen Veränderungen wie die Benutzung eines anderen Katzenstreus, veränderte Arbeitszeiten oder ein neues Waschmittel. Im kommenden Kapitel versuche ich auf all diese Dinge einzugehen und Lösungen aufzuzeigen.

Gesundheitliche Ursachen

Wie schon geschrieben, ist eine der häufigsten Ursachen von Unsauberkeit bei Katzen eine zugrunde liegende Erkrankung. Dabei ist ein Harnwegsinfekt die naheliegendste und in vielen Fällen richtige Vermutung. Vielleicht hast du selber schon einmal eine Blasenentzündung gehabt und weißt wie unangenehm dieser ständige Harndrang ist. Nun stell dir das bei deiner Katze vor, die dir nicht sagen kann "Mir tut das Wasser lassen so weh. Bitte tu doch was dagegen." Also sucht sie einen anderen Weg sich auszudrücken und dir klar zu machen, dass etwas nicht stimmt. Dazu kommt, dass dein Stubentiger jetzt mit dem Katzenklo Schmerzen verbindet und hofft, dass diese nicht auftreten, wenn er woanders sein Geschäft verrichtet. Denn du musst immer bedenken, dass eine Katze sehr stark von ihren Instinkten gesteuert ist. Daher ist es für sie die logische Konsequenz nicht mehr ins Katzenklo zu pinkeln, wenn sie dort Schmerzen hat.

Eine Harnwegsinfektion erkennst du daran, dass deine Katze sehr häufig Wasser lassen muss und dabei aber immer nur kleine Pfützen absetzt. Im weiten Krankheitsverlauf wird der Urin blutig und sie jammert beim Hochheben, weil ihr dieses auf die entzündete und empfindliche Blase drückt und ebenfalls weh tut.

Doch nicht nur Harnwegsinfekte können verursachen, dass deine Katze in die Wohnung pinkelt. Auch Steinerkrankungen wie Blasen- oder Nierensteine, alle Arten von Nierenentzündungen oder auch Nieren- oder Leberversagen können zu Unsauberkeit führen. In allen diesen Fällen kommt zu den etwaigen Schmerzen die Tatsache, dass Katzen Gerüche meiden, die sie mit Krankheit in Verbindung bringen. Und das ist im Falle einer Erkrankung häufig der Urin und Kot und damit das Katzenklo.

Sollte dein Stubentiger also plötzlich unsauber geworden sein, ohne dass es eine Veränderung in eurem Leben und Alltag gegeben hat, kann das ein Hinweis für eine dieser Erkrankungen sein. Falls du zusätzlich das Gefühl hast, dass Herr oder Frau Katze nicht mehr so viel spielt wie sonst, mehr schläft, weniger isst oder allgemein ein schlechtes Aussehen zeigt, dann ist es dringend an der Zeit einen Tierarzt aufzusuchen. Doch auch, wenn deine Katze tatsächlich „nur" unsauber ist, solltest du, bevor du wütend wirst, mit ihr zum Tierarzt gehen und abklären lassen, dass mit den Harnwegen alles in Ordnung ist und keine Blasen- oder Nierenentzündung vorliegt oder die Katze Harnsteine entwickelt hat.

Denk immer daran: Katzen sind wahre Meister im Verstecken ihres wahren Gesundheitszustandes! Wenn du siehst, dass sie krank ist, dann geht es ihr wirklich schlecht.

Veränderungen erkennen und Stress reduzieren

Katzen sind Gewohnheitstiere und reagieren äußerst sensibel auf Veränderungen. Manche direkt und unmittelbar, andere brauchen eine Weile, bis es ihnen zu viel wird. Das heißt, dass es manchmal nur kleine Dinge braucht, die anders laufen als sonst, um eine Katze zu stressen. Das heißt aber auch, dass in einigen Fällen die Veränderung schon ein Weilchen zurück liegt.

Um herauszufinden, wo deinem Stubentiger der Schuh drückt, braucht es daher vielfach etwas Geduld und detektivischen Spürsinn. Wie soll deine Fellnase sonst ausdrücken, dass ihr irgendetwas großen Stress bereitet?

Denk bei all diesen Veränderungen, die ich dir aufzeige, bitte immer daran: Deine Katze möchte dich nicht ärgern und reagiert auch nicht nach dem Motto „Ich finde es blöd, dass wir einen neuen Schrank in der Wohnung haben, da pinkel ich jetzt ins Wohnzimmer. Da sieht mein Herrchen/Frauchen mal, was er/sie davon hat.". Vielmehr solltest du die Unsauberkeit als stillen Hilferuf sehen.

Die nachfolgend aufgeführten Veränderungen sind nicht nach Häufigkeit oder Wichtigkeit sortiert und mit Sicherheit nicht vollständig. Sie sollen vielmehr einen Denkanstoß darstellen vielleicht auch einmal um die Ecke zu denken.

Neues Haustier

Wenn eine weitere Katze oder gar ein Hund in den Haushalt einzieht, wird wohl jeder Katzenbesitzer schon im Vorfeld daran denken, dass die schon vorhandene Fellnase durch diese Veränderung gestresst werden könnte. Aber was ist mit Reptilien, Vögeln oder Nagetieren? Dort würdest du dir wahrscheinlich eher Gedanken um das Stresslevel dieser potentiellen Beutetiere deines Stubentigers machen. Doch wenn die Wohnung sonst allein von der Katze bewohnt wurde, dann kann sie auch ein Vogel, Kaninchen oder Gecko verunsichern. Die Tiere riechen anders als Katerchen es gewohnt ist. Sie sind neu und aufregend und verändern so erstmal das Verhalten des Besitzers. Wahrscheinlich bekommen sie gerade zu Beginn mehr Aufmerksamkeit, die der Katze verloren geht. Und das mögen unsere felligen Freunde gar nicht!

Einen veränderten Geruch und damit ein erhöhtes Stresslevel bei unseren Samtpfoten kann auch ein neuer Hund in der Nachbarschaft verursachen, der auf einmal ständig kläfft oder vor dem Lieblingsfenster uriniert. Genauso können neue Geräusche in der Wohnung unter oder über dir das Stresslevel erhöhen.

Manche Katze zieht sich dann nur zurück und wartet, bis alles wieder einer Routine folgt in dem großen Vertrauen darauf, dass bald alles wieder gut ist. Manch andere, die vielleicht sowieso unsicher ist, macht ihren Protest deutlich, in dem sie auf den Teppich pinkelt.

Nun kannst oder willst du an diesen Veränderungen in der Regel nicht viel ändern. Entweder weil du nun auch eine Verantwortung dem neuen Haustier gegenüber hast oder aberweil sie nicht in deiner Wohnung sondern in der Nachbarschaft passiert sind. Allerdings kannst du deiner Katze durch verstärkte Aufmerksamkeit, Streicheleinheiten und eine möglichst genaue Routine im Alltag ein Stück Sicherheit zurück geben, so dass sie die Veränderungen tolerieren lernt. Mit Geduld, ganz viel Liebe und Konsequenz werdet ihr schnell wieder ein harmonisches Miteinander erleben.

Neues Familienmitglied

Die deutlichste Veränderung im Familienleben ist ein Baby, das geboren wird. Schließlich bringt das nicht nur den gesamten Tagesrhythmus durcheinander, sondern erfordert auch viel Aufmerksamkeit der frischgebackenen Eltern und steigert den Geräuschpegel erheblich. Schon wir Menschen empfinden das Geschrei manches Mal als sehr laut und Babywindeln riechen auch nicht immer wie eine Blumenwiese. Wie viel extremer muss dies da erst für unsere Schmusetiger mit ihren so viel sensibleren und stärkeren Sinnen sein?

Ich weiß, dass du als frischgebackener Elternteil gerade andere Sorgen hast als dich auch noch um deine unsaubere Katze zu kümmern. Ich plädiere ja auch nur für etwas Verständnis. Schließlich pinkelt Frau Miez nicht aus Protest auf die Couch. Ja, sie möchte darauf aufmerksam machen, dass etwas nicht stimmt und ihr gegen den Strich geht. Aber es ist kein Protestpinkeln im Sinne von „Oh jetzt kümmern sich meine Dosenöffner gar nicht mehr um mich, da pinkle ich ihnen zur Strafe auf den Teppich." Denn zu solchen abstrakten Denkweisen sind Katzen -wie schon vorher erwähnt- nicht fähig. Vielmehr ist es vergleichbar mit dem Erbrechen nach einer Lebensmittelvergiftung. Du möchtest das nicht, musst es aber trotzdem tun. So geht es Katzen, wenn sie unsauber sind. Sie möchten auch lieber ihr friedliches, ruhiges Zuhause mit den liebevollen, entspannten Dosenöffnern wieder haben. Also bitte - so schwer es auch fällt - bleib ruhig. Deine Fellnase möchte dich nicht ärgern. Es geht ihr nur einfach nicht gut.

Und bei aller Unsicherheit, die du als frischgebackener Elternteil vielleicht hast, bezieh deine Fellnase auch in das neue Familienleben mit ein. Also zeig dem Katertier das Baby und stoße ihn nicht weg, wenn er mal neugierig schnuppern kommt. So können sich alle aneinander gewöhnen und in Zukunft friedlich miteinander leben.

Neben der offensichtlichen Veränderung eines neugeborenen Kindes, kann aber auch ein neuer Lebenspartner als Teil der Familie deine Katze verunsichern. Denk immer daran, dass Katzen Gewohnheitstiere sind und gerne alle Aufmerksamkeit für sich beanspruchen. Gerade wenn sie als reine Wohnungskatze die einzige Fellnase im Haushalt sind, werden sie sehr auf ihr Herrchen oder Frauchen fixiert sein. Wenn jetzt jemand anders auftaucht, mit dem sich Mieze auf einmal die Aufmerksamkeit teilen muss, dann kann sie das sehr verunsichern. Dazu kommt ein neuer und fremder Geruch. Und vielleicht schläft sie sonst immer mit dir im Bett, darf das jetzt aber nicht, weil ihr ungestört sein wollt. Wie soll sie verstehen, dass du verliebt bist? Sie merkt nur, dass sich in ihren Augen alles verändert. Und das stresst sie.

Also bitte, auch wenn du auf Wolke Sieben schwebst (was ich dir vollkommen gönne), vergiss deine Samtpfote nicht! Mit gezielter Aufmerksamkeit schaffst du es ihr Stresslevel wieder zu senken und ihre Unsauberkeit zu reduzieren. Achte dabei auch darauf, dass dein neuer Lebenspartner die Katze begrüßt und beachtet. So sieht sie ihn bald nicht mehr als Konkurrenz um deine Aufmerksamkeit an, sondern als alternative Möglichkeit Aufmerksamkeit zu bekommen. So gewinnt ihr alle.

Neue Gerüche

Bist du umgezogen? Hast du dir einen neuen Schrank gekauft? Hast du die Möbel umgeräumt? Benutzt du ein anderes Waschmittel/Shampoo/Deo? Oder hast du die Katzendecke gewaschen?

Manche Katzen verkraften solche Veränderungen ohne Probleme und erkennen ihr Zuhause trotzdem immer noch als solches an. Andere reagieren sehr sensibel auf jede kleinste Veränderung und sei es nur eine frisch gewaschene Katzendecke oder eine neue Duftkerze oder die Räuchermännchen zur Weihnachtszeit. Vielfach sind es auch gar nicht die großen Veränderungen wie ein neuer Schrank, der intensiv nach Holz riecht, sondern die kleinen vielleicht unbewussten Neuerungen.

Denk immer daran, dass die Nasen unserer kleinen Stubentiger um ein Vielfaches sensibler sind als unsere eigenen! Und vielleicht kennst du es selber, dass du ein Weilchen brauchst, um dich an den Geruch eines neuen Möbelstückes oder gar einer neuen Wohnung zu gewöhnen. Für Katzen, denen wir nicht erklären können, was da vor sich geht und warum, ist die Veränderung noch beängstigender. Sie haben selbst ja keinerlei Einfluss darauf. Und damit es wenigstens wieder ein bisschen nach Zuhause riecht, pinkeln sie auch an andere Stellen als nur ihr Katzenklo.

Das heißt jetzt natürlich nicht, dass du nie wieder irgendetwas verändern darfst. Wir wollen uns ja nicht ganz zum Sklaven unserer Fellnasen machen lassen. Das heißt aber, dass du achtsam für Veränderungen und deine Katze bist. Wenn du also ein neues Duftöl verwenden willst, dann nutze vielleicht erst einmal nur wenige Tropfen und schau, wie deine Katze reagiert. Und wenn du deine Wohnung umräumen möchtest, dann bezieh deine Katze mit ein: zeig ihr die Veränderungen, mach sie ihr durch Lekkerlies oder Spieleinheiten im neuen Regal schmackhaft oder überrede sie durch das Bereitstellen einer Kiste :-)

Denk einfach bei allen Veränderungen immer daran, dass dein Stubentiger nur schlecht flüchten kann und wesentlich besser riecht und hört als wir.

Veränderung eurer Alltagsroutine

Neben den Veränderungen durch ein neues menschliches oder tierisches Familienmitglied oder andere Gerüche, sind Veränderungen in dem Tagesrhythmus einer Katze mögliche Ursachen für eine Unsauberkeit.

Katzen wird zwar nachgesagt wird, dass sie kein Zeitgefühl haben. Das stimmt wohl auch insofern, als dass Katzen wie kleine Kinder im Hier und Jetzt leben und nichts mit Begriffen wie „in zwei Wochen“ oder „nächsten Monat“ anfangen können. Allerdings haben Katzen auch in freier Wildbahn einen sehr festen Zeitplan, nach dem sie ihr Revier ablaufen, jagen gehen oder schlafen. Das ist notwendig, damit sie Revierstreitigkeiten und potentiellen Feinden aus dem Weg gehen, Beutetiere aber finden können. Und dieses Festhalten an einem Alltag haben auch Hauskatzen. Oder kennst du das nicht, wenn die Katzen dich immer vor der Haustür begrüßt oder jeden Tag um die exakt gleiche Uhrzeit ihr Fressen verlangt?

Da ist es umso weniger verwunderlich, dass Veränderungen eurer Alltagsroutine für die Stubentiger Stress bedeuten. Also falls deine Katze unsauber geworden ist und du alle anderen Ursachen ausgeschlossen hast, dann frag dich, ob sich in eurer Routine etwas verändert hat: Hast du einen neuen Job? Ein neues Hobby? Bist du seltener zu Hause als gewöhnlich? Warst du im Urlaub? Oder für ein Wochenende außer Haus? Oder hast du einfach nur veränderte Arbeitszeiten?

Das können alles Gründe sein, die deine kleine Fellnase verunsichert haben. Manchmal überwiegt anfangs die Freude nach einem Wiedersehen und erst ein oder zwei Tagen später folgt dann der Protest in der Form, dass deine Katze in die Wohnung pinkelt. Oder sie tut dies erst dann, wenn sie merkt, dass du wieder die Koffer packst.

Auch hier gilt natürlich, dass du nicht dein gesamtes Leben von deiner kleinen Diva diktieren lassen kannst. Aber du kannst verstehen, was sie beschäftigt und warum sie unsauber geworden ist. Und dann kannst du ihr durch besonders viel Liebe und Aufmerksamkeit, eine extra Schmuse- oder Spieleinheit, das Lieblingsfutter oder ein neues Spielzeug über diese Phase der Unsicherheit hinweghelfen und ihr Stresslevel senken.

Unsauberkeit aus Gewohnheit

In einigen Fällen kann es sein, dass aus der Unsauberkeit aufgrund einer Veränderung, eine Unsauberkeit aus Gewohnheit wird. Das bedeutet, dass deine Katze so lange immer auf den Teppich gepinkelt hat, dass sie ihn jetzt als neues Katzenklo ansieht und dort auch dann noch ihr Geschäft erledigt, wenn die eigentliche Ursache ihres Schmerzes schon beseitig wurde.

Das kannst du verhindern, indem du immer sehr konsequent mit den im Kapitel „Kapitel 5 - Katzenurin entfernen" aufgeführten Tipps Teppiche und Möbel reinigst oder gegebenenfalls den Läufer oder die Decke entsorgst. Sollte sich doch eine Gewohnheit eingestellt haben, kannst du die folgenden Tipps beherzigen. **Solche Maßnahmen sollten aber nur benutzt werden, wenn du alle Ursachen beseitigt hast und dir wirklich ganz sicher bist, dass deine Katze nur noch aus Gewohnheit an diese Stelle pinkelt. Vorher wirst du sie damit nur noch mehr verstören und das Problem verstärken!**

Pinkelt deine Katze immer in dein Bett, dann kann es helfen ihr eine Weile konsequent den Zugang zum Schlafzimmer zu verwehren. Es könnte eine Rangelei um die Rangfolge in eurer Beziehung sein und mit dem Verbot machst du deiner kleinen Diva klar, dass du der Ranghöhere von euch beiden bist.

Du kannst versuchen deinen Stubentiger von seinem Gewohnheits-Pinkelplatz zu vertreiben, in dem du diesen mit unangenehmen Ereignissen in Verbindung bringst. Das kann eine Blumenspritze sein, mit der du deine Fellnase nass spritzt in dem Moment, in dem sie an die falsche Stelle pinkelt. Oder du benutzt Alarmtrittmatten oder Feuchtigkeitswarner, die beide Geräusche machen sobald sie deine Katze betritt bzw. anpinkelt.

Bitte sei dir aber wirklich sicher, dass deine Katze gesund ist und auch alle anderen Ursachen der folgenden Kapitel ausgeschlossen sind! Sonst verstärkst du das Problem noch und verursachst neben der Unsauberkeit noch andere Probleme wie Aggressionen oder ähnliches.

Alte Katzen, junge Katzen und die Unterschiede

Sowohl junge als auch alte Katzen benötigen ein besonderes Maß an Aufmerksamkeit, wenn es um das Thema Unsauberkeit geht.

Gerade sehr junge Katzen müssen unter Umständen noch lernen, dass sie immer auf ihr Katzenklo gehen sollen. Reinlichkeit und das Benutzen eines Ortes sind zwar grundsätzliche Eigenschaften einer Katze, aber wer kann es einem kleinen Kätzchen schon verdenken, wenn es sich im Eifer des Augenblickes nicht mehr schnell genug an den richtigen Weg erinnert? Da sind Katzen vergleichbar mit kleinen Kindern, die anfangen trocken zu werden. Da kann auch beim wilden Spielen mal etwas in die Hose gehen. Neben dem gutmütigen Tolerieren dieser Unsauberkeit, kannst du es deinem Kätzchen gerade zu Beginn auch einfacher machen, indem du mehrere Kistchen aufstellst, die du dann mit zunehmendem Alter deines Stubentigers entfernst.

Bei Unsauberkeit sozusagen im Kindesalter deiner Katze solltest du auch immer ein Markieren mit in Betracht ziehen. Mit Beginn der Geschlechtsreife beginnen sowohl Kater als auch Katzen ihr Revier zu markieren. Dabei handelt es sich, wie ich dir im Kapitel „Pinkeln oder Markieren - warum ist meine Katze unsauber" schon gesagt habe, um ein vollkommen arttypisches Verhalten. Dies passiert durch Absetzen von kleinen Mengen Urin, in dem für andere Katzen deutlich riechbare Informationen enthalten sind. (Bei Katern sind das beispielsweise Informationen für andere Kater, die besagen „Das ist mein Revier hier". Bei Katzen enthalten die Markierungen Informationen über den eigenen Gesundheitszustand und die Bereitschaft sich decken zu lassen.) Gerade bei sehr jungen Katzen ist das Pinkeln vom Markieren noch schwerer zu unterscheiden. Du solltest also unbedingt eine rechtzeitige Kastration durchführen lassen. Rechtzeitig meint je nach Geschlechtsreife der Katze oder des

Katers im Alter zwischen sechs und zehn Monaten. Und nein, es muss nicht gewartet werden, bis deine Katze das erste Mal rollig gewesen ist.

Bei Katzensenioren steht das Markieren als Ursache in der Regel nicht mehr zur Debatte. Allerdings solltest du mit zunehmendem Alter deiner Katze Erkrankungen oder eingeschränkte Organfunktionen als Ursache für Unsauberkeit in Betracht ziehen. Wie bei allen älter werdenden Lebewesen werden die Stoffwechselfunktionen und damit auch sämtliche Organfunktionen mit der Zeit immer langsamer und eingeschränkter. Wer seine Großeltern schon einmal über nächtlichen Harndrang klagen gehört hat, kann vielleicht nachvollziehen, wie es manch wirklich alter Katze geht. Dazu kommt, dass die Beweglichkeit und Kraft im Laufe der Jahre abnimmt. Das früher immer gut zu erreichende Katzenklo steht jetzt vielleicht nachts zu weit weg oder der Zugang wird durch einen hohen Einstieg erschwert.

Was heißt das nun für dich? Zum einen: Ab zum Tierarzt und den Gesundheitszustand deines Katzensenioren überprüfen lassen, wenn er unsauber wird. Gerade auch chronische Erkrankungen können durch Medikamente oder Diäten verlangsamt werden und deinem Liebling noch ein paar Jahre schenken.

Und als nächstes solltest du darüber nachdenken, ob eure Wohnung aus Katzensicht „Seniorengerecht“ ist. Das bedeutet vielleicht auch auf dem Weg von einem Ende der Wohnung zum anderen noch ein Katzenklo hinstellen und solche wählen, die einen tieferen Einstieg haben. Damit machst du dir und deinem Katzensenioren das Leben einfacher.

Kapitel 4: Das stille Örtchen für die Katze

Viele Katzenbesitzer machen sich nicht allzuviele Gedanken um das Katzenklo. Was solltest du da auch falsch machen können, denkst du dir? Ein Klo, ein bisschen Streu und regelmäßig sauber machen. Das ist es.

In den Augen deiner Katze gehört noch eine ganze Menge mehr zu einem richtigen stillen Örtchen!

Und da vermutlich ein falsches oder an irgendeiner Stelle ungeeignetes Katzenklo mit zu den häufigsten Ursachen von Unsauberkeit zählt, habe ich ihm ein ganzes Kapitel gewidmet.

Die richtige Anzahl stiller Örtchen

Die Faustregel bei der richtigen Anzahl der Katzenklos lautet:

Anzahl der Katzenklos = Anzahl der Katze + 1

Du stellst also immer ein Katzenklo mehr auf als die Anzahl deiner Stubentiger. Das heißt wenn du eine Katze hast, dann solltest du zwei Katzenklos haben, bei zwei Katzen drei und so weiter.

Das mag dir im ersten Moment unnötig vorkommen, aber Katzen trennen gerne die Orte an denen sie ihr großes und kleines Geschäft verrichten. Und sie teilen ihre Toilette und deren Geruch nicht gerne mit einer anderen Katze.

Das bedeutet, dass du dir auch ernsthaft überlegen solltest, ob du die Katzenklos auch oft genug und richtig säuberst! Katzen sind sehr reinliche Tiere und so wie du bestimmt nicht gerne auf ein stark benutztes Dixie-Klo gehst, so geht auch deine Katze nicht gerne auf eine volle Toilette. Und genauso unangenehm wie eine dreckiges Katzenklo ist ihnen ein unangenehm riechendes! Stell dir vor du müsstest den Atem anhalten, wenn du dein Geschäft erledigst, weil dir der Geruch auf der Toilette Übelkeit verursacht. Keine schöne Vorstellung, oder?

Du solltest wirklich mindestens einmal am Tag die Hinterlassenschaften deines Stubentigers entfernen. In regelmäßigen und nicht zu großen Abständen solltest du das Streu komplett wechseln und dabei das Katzenklo mit heißem Wasser und maximal mildem Reinigungsmittel säubern. Benutze keine scharfen Reiniger oder Desinfektionsmittel. Das ist zum einen unnötig und stört zum anderen die empfindliche Nase deiner Mieze.

Das gilt auch für andere intensive Gerüche wie sie teilweise in Raumdüften vorkommen. Solltest du seit neuestem einen Dufterfrischer an dem Ort verwenden, an dem das Katzenklo steht und deine Katze auf einmal nicht mehr ihr Katzenklo benutzen, dann entferne ihn! Das gilt auch für Katzenklodeos mit Orangen- oder Lavendelduft. Wenn deine Katze nicht unsauber ist, ok, dann benutz sie weiter. Aber dann würdest du ja wahrscheinlich auch nicht dieses Buch lesen, oder? Also: hör auf das Katzenklo für deine Nase wohlriechend zu gestalten. Du kannst versuchen neutral riechendes oder geruchsneutralisierendes Deostreu zu verwenden, wenn deine Katze wieder ausschließlich ihr Katzenklo benutzt. So lange das der Fall ist, Finger weg! Versuch es lieber mit noch häufigerem Säubern, falls dich der Geruch stört.

Und auch was die Anzahl der Katzenklos angeht, kann es eine Weile gut gehen, wenn du weniger hast als empfohlen. Aber sollte deine Katze unsauber geworden sein, dann überlege dir als erstes, ob die Anzahl der Katzentoiletten ausreicht. Wenn nicht, ändere sie. Manchmal hilft auch nur ein kleines weiteres Kistchen.

Die verschiedenen Arten von stillen Örtchen

Manche Katzenklos sehen dekorativ aus und erfreuen das Katzenbesitzerherz und das Auge jedes menschlichen Betrachters, sind allerdings für Katzen denkbar ungeeignet.

Das gilt auch insbesondere für sehr dunkle Katzentoiletten. Im Grunde genommen gilt:

- Das Katzenklo muss groß genug sein, damit deine Katze sich ungestört umdrehen kann
- Es muss hell genug sein, damit sie auch sieht, was sie tut
- Und es muss leicht und gut erreichbar und sozusagen besteigbar sein

Im Allgemeinen tolerieren Katzen sowohl die offenen Schalen als auch die gängigen Katzentoiletten mit Deckel und Schwingtür. Gerade die geschlossenen Toiletten sollten aber auf jeden Fall groß genug sein, so dass Herr und Frau Katze sich gut darin umdrehen und herumscharren und -kratzen können. Und auch bei den offenen Varianten lohnt es sich, die größere Variante zu kaufen, denn dann ist die Gefahr, dass beim Verscharren die Hälfte des Katzenstreu neben dem Klo liegt geringer.

Der nächste Punkt ist die Helligkeit. Schwarze Katzenklos mögen ja dekorativer aussehen als die gängigen grauweißen, aber wenn sie so dunkel sind, dass dein Stubentiger nichts mehr sehen kann, dann wird er sie kaum benutzen. Selbiges gilt für die Katzentoiletten, die in ein Schränkchen eingebaut werden, damit sie nicht gleich als Klo erkannt werden und somit auf dem Flur stehen können. Ist es auf dem Flur auch noch recht dunkel, dann kann das ein Grund sein, dass deine Katze dieses Katzenklo missachtet. Du solltest also darauf achten, dass bei einem solchen Örtchen ein Licht leuchtet oder angeht, sobald dein Stubentiger hineingeht.

Und er oder sie sollte leicht hineingelangen können. Dabei

solltest du nicht nur an das Alter deines Stubentigers denken, sondern auch daran, dass es manchmal - aus welchen Gründen auch immer - dringend sein kann, dass ein stilles Örtchen her muss. Dann sich noch um diverse Ecken schlängeln zu müssen, um in das Katzenklo zu gelangen, kann frustrierend sein. Es mag ja auch sein, dass dein Katzensenior bis jetzt gut in sein Katzenklo gekommen ist, aber ihm im Alter der hohe Einstieg oder das Herumschlängeln Probleme bereitet. Also vereinfache es ihm!

Du solltest also beim Kauf eines Katzenklos genau überlegen, was dein Stubentiger braucht: es sollte groß genug sein, dass sie sich ohne anzustoßen umdrehen und scharren kann und möglichst einen tiefen Einstieg haben. Manchmal hilft es auch die Form zu ändern. Es gibt Ecktoiletten, die deiner Fellnase andere Möglichkeiten geben sich darin zu bewegen.

Wenn du bis jetzt ein geschlossenes Katzenklo hattest, dann mach doch einfach mal den Deckel ab. Wenn deine Katze dann wieder ihr Katzenklo benutzt, dann weißt du, dass du eine Toilette ohne Deckel brauchst.

Manchmal reicht es auch die Schwingtür herauszunehmen. Gerade ältere oder kranke Katzen mögen es nicht mit dem Köpfchen an die Tür zu stoßen. Da kann es helfen diese zu entfernen und schon ist die Unsauberkeit deiner Katze verschwunden.

Der richtige Ort für das stille Örtchen

Neben Anzahl und Art des Katzenklos ist ein häufiger Fehler der Ort, an dem es aufgestellt wird. Dabei gibt es zwei Hauptprobleme: es steht an einer unruhigen Stelle oder es ist schlecht zugänglich.

Das erste Problem, das ich besprechen möchte, ist der unruhige Ort. Möchtest du bei deinem Toilettengang beobachtet oder gestört werden? Sicherlich nicht. Dafür haben unsere Badezimmer Türen, die wir schließen, wenn wir unserem Bedürfnis nachgehen. Diese Möglichkeit hat eine Katze nicht.

Und jetzt überleg mal: hat deine Katze die notwendige Ruhe auf ihrem Katzenklo? Oder steht es im Flur, wo immer mal Menschen an ihr vorbei laufen? Oder ist es vielleicht in einem Schränkchen versteckt, auf das du immer mal Sachen stellst? Das sieht zwar vielleicht dekorativer aus - wer hat schon gerne ein Katzenklo in der Wohnung stehen? - ist aber nicht im Sinne der Katze, da es jedes Mal „donnert", wenn sie gerade ihr Geschäft macht und du etwas abstellst. Das gilt auch für ein Katzenklo das direkt neben der Waschmaschine oder dem Trockner steht!

Sollten die Probleme sich erst nach einer gewissen Zeit eingestellt haben, dann überlege mal, ob dein Stubentiger vielleicht mal während seines Geschäftes erschreckt worden ist. Das kann ihn so nachhaltig verstören, dass er sich nicht mehr traut, dort sein Geschäft zu machen.

Das andere Problem ist die Zugänglichkeit des Katzenklos. Oft stehen diese im Badezimmer, was ja auch naheliegend ist. Nur werden Badezimmertüren auch öfter mal geschlossen. Zum Beispiel wenn wir Menschen unserem Bedürfnis nach einem stillen Örtchen nachgehen. Doch was soll deine Katze dann machen, wenn sie unbedingt dringend muss? Die einfache Lösung - falls du nicht in einer Eigentumswohnung wohnst, in der du eine Katzenklappe in deiner Badezimmertür anbringen kannst - ist es, ein Katzenklos im Badezimmer aufzustellen und ein weiteres direkt neben dem Badezimmer. So kennt deine Katze sozusagen den Weg und hat bei geschlossener Badtür direkt eine Alternative.

Der ruhige und immer gut zugänglichen Ort für deine Katzentoiletten sollte verständlicherweise nicht in unmittelbarer Nähe der Futterstelle sein. Oder möchtest du auf der Toilette frühstücken? Siehst du, deine Katze auch nicht!

Die richtige Einstreu im stillen Örtchen

Erwähnte ich schon, dass Katzen Gewohnheitstiere sind? Sie mögen es oftmals nicht, wenn sich irgendetwas ändert. Und sei es auch nur die für dich vielleicht banale Kleinigkeit, dass du ein neues ganz tolles Katzenstreu gekauft hast, weil es dir von allen Seiten empfohlen wurde.

Für deine Katze bedeutet das aber, dass sich das Gefühl an ihren empfindlichen Pfoten verändert, wenn sie ihr Geschäft verrichtet. Das neue Katzenstreu ändert auch den Geruch ihres Katzenklos, so dass sie es vielleicht nicht mehr als ihres erkennt. Und es verhält sich, riecht und staubt anders als das vorherige Katzenstreu. Das irritiert zusätzlich.

Vielleicht hast du auch aber auch nicht das Katzenstreu gewechselt, sondern benutzt jetzt ein Katzenklodeo gegen den Geruch? Das ist oftmals ein feines Granulat, das man zusätzlich zu dem Katzenstreu in das Katzenklo schüttet und das nach Orange, Lavendel oder was auch immer riecht. Vielleicht merkst du ja schon beim Lesen, dass das vielleicht schön für dich als Mensch ist, aber nicht angenehm für deine Fellnase sein kann. Denn es verändert die Haptik und den Geruch des gewohnten Katzenklos.

Wenn du unbedingt das Katzenstreu ändern willst (weil du vielleicht vorher kein Klumpstreu benutzt hast oder es deine Marke nicht mehr gibt oder das neue Katzenstreu günstiger oder leichter oder dir aus einem anderen Grund angenehmer ist) dann versuch es erst einmal nur in einem Katzenklo. Misch das neue Streu nach und nach unter das alte. So kann dein Stubentiger sich langsam an das neue Gefühl und den Geruch gewöhnen und immer noch ausweichen, wenn ihm das neue Streu nicht zusagt.

Achte allgemein bei Katzenstreu darauf, dass es möglichst Klumpstreu ist, eine nicht zu grobe Konsistenz hat und wenig riecht und staubt. Letzteres ist insbesondere bei geschlossenen Katzentoiletten wichtig. Manche Streu entwickeln regelrechte

Staubwolken, wenn sie aufgewühlt werden. Und deine Katze scharrt nunmal gerne in ihrem Streu und sitzt dann in dem Staub. Keine schöne Vorstellung, oder?

Vielleicht hast du auch gar nichts am Katzenstreu geändert und deine Katze ist trotzdem unsauber geworden. Oder sie ist von Anfang an unsauber. Dann solltest du dir erst Recht Gedanken über dein Katzenstreu machen.

Jedes Katzenstreu soll die Feuchtigkeit und möglichst auch den Geruch aufsaugen. Im Folgenden habe ich dir die verschiedene Arten von Katzenstreu aufgeführt sowie ihre Vor- und Nachteile.

Mineralisches Katzenstreu

Das am häufigsten verwendete Katzenstreu ist mineralisches Katzenstreu. Es besteht wie der Name schon sagt aus Mineralien meistens Bentonit oder Sepiolith. Je nachdem ob es mit anderen, wasserbindenden Substanzen versetzt worden ist, handelt es sich um klumpendes oder nicht klumpendes Streu. Manchmal wird das Streu auch mit Duftstoffen versetzte, um der menschlichen Nase zu gefallen. Das können manche Katzen tolerieren, es kann aber auch die Ursache alles Übels sein.

Die Vorteile sind die gute Verfügbarkeit und der oft günstige Preis. Mineralisches Katzenstreu saugt gut die Flüssigkeit auf und es gibt sie in vielen verschiedenen Körnungen. Manchmal reicht es also schon aus die Marke zu wechseln und eines mit kleinerer oder größerer Körnung oder mit beziehungsweise ohne Duftstoffe zu verwenden.

Der Nachteil an mineralischen Katzenstreu ist zum einen das Gewicht und dass sie alle relativ stark stauben. Außerdem sind sie nicht ökologisch abbaubar, das heißt sie belasten die Umwelt, weil sie nicht verrotten.

Natürliches Katzenstreu

Natürliches Katzenstreu ist aus Pflanzenfasern. Dabei kommt Holz, Stroh, Mais oder andere Pflanzenfasern zum

Einsatz. Diese werden zu Pellets oder Chips gepresst und verbreiten je nach verwendeter Pflanze einen mehr oder weniger charakteristischen Geruch (Katzenstreu aus reinen Maischips riecht tatsächlich ein kleines bisschen nach Popcorn.). Mittlerweile wird auch klumpendes Katzenstreu aus Naturton angeboten.

Der große Vorteil besteht in der Umweltfreundlichkeit. Die Katzenstreu besteht aus natürlich nachwachsenden Rohstoffen und kann nach Gebrauch kompostiert werden. Dazu kommt ein geringes Gewicht und dass natürliches Katzenstreu relativ wenig staubt.

Die Aufnahme von Flüssigkeit und Gerüchen ist vergleichbar mit der von mineralischem Katzenstreu. Für manche sensiblen Katzen können die natürlichen Duftstoffe der Pflanzen verwirrend sein. Meistens werden sie aber gut toleriert. Ein weiterer guter Vorteil ist die Tatsache, dass es keinerlei Nachteile für deine Samtpfote bringt, wenn sie dieses Katzenstreu frisst. (Was bei jungen Katzen oder auch bei bestimmten Krankheiten vorkommen kann.)

Der Nachteil besteht in dem höheren Preis und in der schlechteren Verfügbarkeit im Gegensatz zu mineralischem Katzenstreu. Es gibt einfach noch nicht so viele Hersteller von ökologischem Katzenstreu aus Pflanzenfasern. Und Angebot und Nachfrage regeln nun einmal den Preis. Außerdem solltest du darauf achten, dass es nicht mit Chemikalien und Bindemitteln versetzt ist, die unter Umständen eine krankheitsverursachende Wirkung haben.

Katzenstreu aus Silikat

Silikatstreu besteht aus einer Form des Trockenhaltemittels Silicagel, das dir vielleicht schon einmal im Zusammenhang mit Babywindeln oder Damenbinden untergekommen ist. Für Katzenstreu wird Silikat in kleine meist weiße Kügelchen gepresst.

Vorteile gegenüber dem mineralischen Katzenstreu sind das geringere Gewicht und Stauben. Außerdem saugt es besonders gut Flüssigkeiten und Gerüche auf und ist kompostierbar.

Der Nachteil besteht für uns Menschen in dem gegenüber Katzenstreu aus Mineralien höheren Preis. Für die Katzen von Nachteil ist eher die kugelige Form der Katzenstreu, die gerne zwischen den Ballen an den Pfötchen hängen bleibt. Zudem ist Katzenstreu aus Silikat häufig mit Duftstoffen versetzte, was viele Katzen nicht tolerieren. Besonders vorsichtig solltest du bei jungen oder kranken Katzen sein. Wenn diese das Katzenstreu aus Silikat essen, ist das giftig für sie!

Alternatives Katzenstreu

Sollte deine Samtpfote keine dieser zahlreichen Möglichkeiten an Katzenstreu tolerieren, dann kannst du als Alternative Holzspäne, wie sie für Nagetierställe verwendet werden oder auch Zeitungs- oder Küchenpapier verwenden. Diese haben den Nachteil, dass sie Flüssigkeiten und Gerüche nicht besonders gut aufnehmen und du solltest sie möglichst direkt nach dem Geschäft wechseln. Aber sie sind manchmal eine letzte Möglichkeit gegen das unsaubere Verhalten deines Stubentigers. So bald deine Katze dann wieder regelmäßig ihr Katzenklo benutzt, kannst du versuchen unter die Zeitung, das Küchenpapier oder die Holzspäne Katzenstreu zu streuen, um die Samtpfote langsam wieder an richtiges Katzenstreu zu gewöhnen.

Wie du siehst, gibt es zahlreiche Möglichkeiten schon alleine beim Katzenstreu auszuprobieren, was deiner Fellnase zusagt und was nicht. Solltest du also alle anderen Ursachen für eine Unsauberkeit ausgeschlossen haben, dann bleibt dir nur ein Ausprobieren der verschiedenen Katzenstreu. Sei wie immer vorsichtig mit Änderungen und denk immer daran, dass dein Schmusetiger eigentlich ein Gewohnheitstier ist.

Kapitel 5: Katzenurin entfernen

In den vorangegangenen Kapiteln haben wir uns mit den Ursachen unsauberer Katzen beschäftigt. In vielen Fällen ist das Problem schnell wieder verschwunden, sobald du herausgefunden hast, was der Auslöser ist und dein Stubentiger sich wieder wohl fühlt.

Doch was bleibt insbesondere in Couchmöbeln oder Teppichen ist der Fleck und der Geruch nach Katzenurin. Daher soll es in diesem Kapitel um die Möglichkeiten gehen, beides zu entfernen.

Beachte bitte bei all diesen Tipps, dass es zig verschiedene Stoffe und Gewebe gibt und nicht jeder Reiniger bei jedem Teppich oder Sofa hilft. Du solltest also unbedingt vorher das Material an einer unauffälligen Stelle auf Farb- und Materialechtheit prüfen, damit du nicht nach der Behandlung an Stelle des Urinfleckes einen weißen, grauen oder anderweitig verfärbten Fleck oder zerstörtes Gewebe hast, was dich genau so stört!

Chemische und enzymatische Reiniger

Es gibt verschiedene Möglichkeiten an Reinigern, die du kaufen kannst, um sowohl den Fleck als auch den Uringeruch zu entfernen. Allen sollte gemein sein, dass sie auf keinen Fall Ammoniak enthalten. Denn Ammoniak ist auch in Katzenurin enthalten und ermuntert deine Katze damit möglicherweise erst recht zum „Falschpinkeln“. So kann dann schnell aus der Unsauberkeit ein Gewohnheitspinkeln werden. Das bedeutet, dass das zugrunde liegende Problem längst beseitig ist, deine Katze aber aus Gewohnheit und weil es so vertraut nach Katzenklo riecht, dort noch ihr Geschäft verrichtet.

Der allererste Schritt bei der Entfernung von Katzenurin sollte sein, die Flüssigkeit mit Haushaltsrolle, einem alten Handtuch oder ähnlichem komplett zu entfernen. Erst wenn das Gewebe getrocknet ist, kannst du dem Fleck in einem ersten Arbeitsschritt mit Neutralreiniger zu Leibe rücken.

Bei einem gerade erst entdeckten also frischen Urinfleck können dir in einem nächsten Reinigungsschritt chemische Reiniger wie Alkohol (70%iger Isopropylalkohol), Essig oder andere Haushaltsreiniger helfen. Dabei solltest du beachten, dass du nicht als erstes Essigreiniger (oder auch Haushaltsessig ca. 1:2 oder 1:3 mit Wasser vermischt) verwendest, sondern erst zum Schluss zum Entfernen des Geruches. Wenn du ihn gleich zu Beginn verwendest bevor du den Urinfleck mit Neutralseife oder einem anderen Reiniger gereinigt hast, könntest du das Problem noch schlimmer machen, weil Essig den Fleck sozusagen im Gewebe fixiert. Das bedeutet dann, dass du vielleicht den Geruch irgendwann entfernt bekommst, aber sicherlich nicht den Fleck.

Wenn es an die Entfernung älterer Flecken oder des Uringeruches geht, dann solltest du auf enzymatische Reiniger zurück greifen. Diese enthalten und benutzen Bakterien um die für den Uringeruch verantwortlichen Stoffe aufzubrechen und so den Geruch zu neutralisieren. Oftmals ist dabei mehr als eine Anwendung notwendig. Besonders wichtig ist es, die Mittel großzügig zu benutzen, denn sie müssen die Möglichkeit haben tief in das Gewebe einzudringen, um auch die unten liegenden Urinkristalle zu erreichen und neutralisieren zu können.

Einige der gut getesteten Möglichkeiten für Enzymreiniger sind die folgenden (die du auf den dahinterstehenden Links ansehen und direkt bestellen kannst):

BactoDes Animals: http://blib.it/G

Ecodor UF 2000: http://blib.it/H

Bio Urin Attacke Spray: http://blib.it/J

Biodor Animal Spray: http://blib.it/K

Andere Reiniger

Wenn es dir nur darum geht den Fleck zu entfernen, kannst du auch Sagrotan oder Teppichshampoo probieren . Manchmal, wenn der Geruch noch nicht sehr tief eingezogen ist - oder der Bezug nicht sehr saugfähig ist - hilft beides auch gegen den Uringeruch. Von Febreze gibt es einen speziellen Textilerfrischter gegen Tiergerüche, der in den oben genannten milderen Fällen durchaus helfen kann.

Febreze gegen Tiergerüche: http://blib.it/L

Haushaltsmittel gegen Katzenurin

Bevor du die verschiedenen Enzymreiniger probierst, kannst du gegen Fleck und Uringeruch auch die folgenden Haushaltsmittel ausprobieren:

Soda, Backpulver oder Maisstärke auftragen, mit einer Bürste gut einreiben, über Nacht einwirken lassen und absaugen. Bei besonders hartnäckigen Flecken das Ganze wiederholen indem du das Backpulver oder die Maisstärke vorher mit Wasser zu einer Paste verrührst und dann einreibst. Es sollte sowohl den Fleck als auch den Geruch entfernen.

Feinwaschmittel mit Wasser verquirlen und auf den Fleck geben und trocken tupfen, das ganze gegebenenfalls wiederholen. Wahrscheinlich wird der Geruch dadurch nicht neutralisiert, sondern nur übertönt, aber da du die Ursache für die Unsauberkeit ja bestimmt schon gefunden hast und nur noch den Geruch für dich selbst entfernen musst, hilft das auch so.

Kaffee oder Espressopulver auf den trockenen Fleck einreiben (aber Vorsicht: beides färbt! Also nur bei dunklen und nicht bei hellem Gewebe anwenden): erst die Stelle mit Neutralreiniger säubern und gut trocknen lassen und dann mit einer Bürste Kaffee- oder Espressopulver einreiben und nach einer Weile wieder absaugen. Diese Methode entfernt keinen Fleck (hinterlässt wie gesagt eher einen), allerdings den Geruch.

Listerine oder eine andere Mundspüllösung mit Wasser verdünnen, auf den Fleck geben und trocknen lassen. Das sollte den Fleck und den Geruch entfernen. Du solltest allerdings bei hellem Gewebe auf farbiges Mundwasser verzichten.

Waschtipp: Ist dein Bettzeug betroffen, solltest du es bei möglichst hohen Temperaturen waschen und dabei einen Schuss Apfelessig oder bei unempfindlichem Gewebe Chlor zur Wäsche geben.

Geheimtipp: Eine weitere Methode, die ich bei wikihow.com entdeckt habe beinhaltet eine Mischung aus 240 ml Wasserstoffperoxid, 3 EL Backpulver und 2-3 Tropfen eines möglichst farblosen Geschirrspülmittels. Einfach vermischen, in eine Sprühflasche füllen, auf den Fleck geben und einige Minuten einwirken lassen.

Du siehst, es ist ein bisschen ausprobieren notwendig, um das Malheur sicher und zuverlässig zu beseitigen. Und DAS Wundermittel gibt es leider auch nicht. Aber ich bin sicher eines der angegebenen Produkte wird dir helfen, deine Wohnung von den Flecken und dem Geruch des Katzenurin zu befreien.

Schutzmaßnahmen während der Unsauberkeit

In der Phase, in der deine Schmusekatze noch unsauber ist, hilft es nur bedingt die oben genannten Mittel zu benutzen. Bei allen dauert es eine kleine Weile bis sie eingetrocknet sind und der Geruch verschwunden ist. Und bei einigen Reinigern musst du die Anwendung mehr als einmal wiederholen. All das hindert die Fellnase nicht daran, wieder los zu pinkeln. So lange du also noch auf der Suche nach der Ursache und ihrer Lösung bist, kannst du ein paar einfache Möglichkeiten nutzen, um deine Möbel vor weiterem Katzenurin zu schützen:

Inkontinenzunterlagen

Lege Inkontinenzunterlagen an die Stelle, an die deine Katze pinkelt. Das sieht nicht sehr elegant aus, saugt den Katzenurin aber wesentlich besser auf als ein Handtuch oder eine Decke. Und lässt vor allem nichts an die darunter liegende Unterlage durch wie es bei einem durchnässten Handtuch der Fall ist.

Einmal-Katzenklos

Stelle Einmal-Katzenklos auf. Denn der Tipp für eine unsaubere Katze ist es, an jede Stelle, an die sie pinkelt ein Katzenklo zu stellen. Nur was machst du mit den ganzen Katzentoiletten, wenn deine Katze wieder sauber ist? Als Alternative kannst du auch andere Kisten oder Kartons nutzen, aber auch hier besteht die Gefahr des Durchnässens - oder der Nicht-Akzeptanz.

Wachstuchdecken

Ist dein Bett der Ort des unerwünschten Geschehens und du willst deinen Stubentiger nicht noch zusätzlich dadurch verunsichern, dass du ihn aus dem Schlafzimmer aussperrst, dann kannst du dein Bett tagsüber mit einer Wachstuckdecke bedecken wie du sie für Camping- oder Gartentische kennst. Diese hat den Vorteil, dass sie glatt ist und daher nicht so sehr zum Pinkeln einlädt und dass du sie einfach abwischen kannst, falls doch noch ein Malheur passiert. Du bekommst sie in unzähligen Farben und Motiven im Baumarkt, Gartengeschäft oder auch bei amazon.

Picknickdecken

Bevor du dein Sofa nun mit Inkontinenzunterlagen oder ungemütlichen Wachstuckdecken bedeckst, kannst du dir auch Picknickdecken besorgen. Diese haben auf der Unterseite eine relativ wasserundurchlässige Schicht, aber an der Oberseite eine weiche, auf der du auch sitzen magst. Auch diese gibt es in verschiedenen Formen und Größen. Die günstigeren sind in der Regel nicht waschbar, die etwas preisintensiveren hingegen schon.

Du brauchst also wirklich nicht verzweifeln. Es gibt eine Menge Möglichkeiten deine Möbel von Katzenurin und dessen Geruch zu befreien. Es ist also nicht alles verloren :-)

Und denk bitte immer daran: All das sind nur vorübergehende Maßnahmen. Sobald du die Ursache gefunden und beseitig hast, kannst du sie wieder entfernen und glücklich und zufrieden mit deiner Katze weiterleben. Denn genau das möchte sie auch! Sie will dich nicht ärgern, sondern ist unglücklich.

TEIL ZWEI: Beispiele und deren Lösungen

In diesem zweiten Teil meines Buches soll es also um die echten Probleme gehen, die in unserem Haustiermagazin an mich herangetragen worden sind und immer wieder werden. Inspiriert durch diese Kommentare, habe ich 19 kleine Fallbeispiele kreiert.

Diese sind in Anlehnung an den ersten Teil in Kapitel nach den möglichen Ursachen eingeteilt. In manchen Fällen ist eine solche Einteilung schon im Vorfeld recht eindeutig möglich. In manchen anderen habe ich ein Feedback bekommen, was geholfen hat. In vielen anderen Beispielen ist eine eindeutige Zuordnung jedoch kaum möglich. Dann habe ich meiner Antwort noch eine kleine Erklärung zugefügt, warum ich die Einteilung so vorgenommen habe und welche Möglichkeiten für eine Lösung es noch gibt.

Natürlich ist es aus der Ferne und nur mit einem Kommentar oftmals sehr schwierig, Ursachen und Lösungen zu finden. Daher sind meine Antworten auf keinen Fall als einzige und alleinig richtige Lösung zu sehen. Vielmehr sind die Lösungsvorschläge als das zu verstehen, was sie tatsächlich sind:

Es sind die Dinge, die ich tun würde, wenn ich als Dosenöffner in der beschriebenen Situation stecken würde.

Nicht mehr und nicht weniger. Aber sicherlich für viele andere Dosenöffner hilfreich.

Kapitel 1: Markieren als Ursache

Angelehnt an das Kapitel „Kapitel 2 - Was kann ich tun, wenn meine Katze markiert?“, geht es hier um Katzen, die keine klassische Unsauberkeit sondern ein Markierverhalten an den Tag legen. Wie schon im ersten Teil beschrieben, ist es wichtig eine tatsächliche Unsauberkeit von einem Harnmarkieren zu unterscheiden, weil die Lösungsansätze unterschiedlich sind. Denn bei dem Setzen von Harnmarkierungen handelt es sich um eine natürliche Verhaltensweise, die im Grunde genommen nicht therapiebedürftig ist. Erst im Zusammenleben mit uns Menschen wird diese normale Handlung unerwünscht. In den hier aufgeführten Fällen ist ein Markieren wahrscheinlicher als eine klassische Unsauberkeit.

1. Fall: Zwei Kater, unterschiedliche Charaktere und ein Problem

Zwei kastrierte, dreijährige Kater (einer von einem Bauernhof, einer ein leicht schielender, schlecht hörender Findelkater) leben als reine Wohnungskatzen in einem Haus. Sie sind vom Gemüt her sehr unterschiedlich: der Bauernhof-Kater eher gemütlich und anhänglich, das Findelkind lebhaft und wenig verschmust. Wie bei allen Wohngemeinschaften, fliegen auch hier ab und an die Fetzen. Sobald sich die Wogen wieder glätten, wird miteinander gekuschelt.

Die Katzenklo-Situation ist aus Katzensicht ziemlich gut und auch die lieb gewonnene Routine ist nicht verändert worden.

Dennoch ist der Bauernhof-Kater ein kleines „Problemtier“ geworden. Mit einer Häufung am Anfang des Jahres sowie gegen Ende des Sommers, wird das kleine Geschäft neben dem

Katzenklo, am Kleiderschrank, an einer Kommode oder ins Bett verrichtet. Dabei stellt der Kater sich nah an das Möbelstück, hebt den Schwanz steil nach oben und beginnt mit dem Hintern zu wackeln, bevor er los pinkelt. Als konkrete Auslöser konnten noch das Aufsprühen von Deodorants, das Verlassen des Hauses von beiden Dosenöffnern gleichzeitig und Rangeleien unter den Katzenkumpeln ausgemacht werden.

Der Einsatz enzymatischer Reiniger und von Feliway kann das Problem gelegentlich unterbrechen, aber nicht komplett lösen. Von der Tierärztin ist die Vermutung eines Markierverhaltens geäußert worden, nachdem der Bauernhofkater ansonsten als gesund befunden worden ist.

Mein Lösungsansatz:

Zu erst einmal: Ja, es kann sein, dass eine kastrierte Katze Urinmarkierungen setzt. Man erkennt dies daran, dass sie das von dem Bauernhofkater gezeigte Verhalten an den Tag legen: Sie schnuppern an einer Stelle, drehen sich dann um und pullern mit steil aufgerichtetem zuckenden Schwanz. Insofern gehe ich stark davon aus, dass die Unsauberkeit zu einem großen Teil Markierverhalten ist. Nun ist es leider nicht ganz so einfach dieses Verhalten verändert zu bekommen. Ihn auf's Katzenklo zu setzen, hilft wenig. Denn Urinmarkierungen sind wie auch alle anderen Arten der Markierung über die Pfoten, das Köpfchen oder den Körper der Katze (mit dem Kopf an etwas reiben, "um die Beine streichen" und ähnliches) ein völlig natürliches und artgerechtes Verhalten für Katzen und Kater. Es gehört zu ihrer normalen Katzen-Kommunikation dazu und ist natürlich besonders ausgeprägt bei unkastrierten Tieren in der Zeit der Rolligkeit. Gibt es in der Umgebung andere vielleicht sogar unkastrierte Katzen? Das könnte das saisonale Markieren erklären. Denn auch Wohnungskater riechen eine rollige Katze durch geschlossene Türen und Fenster.

Allerdings kann das Anbringen von Harnmarkierungen auch aus einem Gefühl der Unsicherheit heraus passieren. So nach dem Motto "Ich fühl mich gerade unsicher oder bedroht, da brauche ich wenigstens einen vertrauten Geruch." Und so wie es beschrieben worden ist, könnte das auch auf diesen Bauernhofkater zutreffen. Gerade weil er auch am Ende einer Rangelei ins Bett macht oder aber markiert, wenn die Dosenöffner das Haus verlassen wollen. Hier stellt sich die Frage, ob der eher ruhige Bauernhofkater genügend Möglichkeiten hat, sich zurück zu ziehen und seine Ruhe vor dem etwas lebhafteren Findelkater zu haben? Das heißt, gibt es genügend erhöhte, gemütliche und gut zu verteidigende Stellen, an denen er sich in Ruhe entspannen kann ohne Angst haben zu müssen, dass er "überfallen" wird? Denn so wie es aussieht ist der Bauernhof-Kater eher einer, der lieber seine Ruhe hat und wenn er das Gefühl hat, dass er ohne die Nähe seiner Dosenöffner die ganze Zeit auf der Hut sein muss, dann kann das zum Markierverhalten führen.

Es ist schwer dieses Verhalten wieder abzugewöhnen. Was getan werden kann, ist sehr kritisch durch die Wohnung zu gehen und sie sozusagen aus Katzenaugen zu betrachten. Sind genügend Schlaf- und Rückzugsmöglichkeiten vorhanden? Haben beide Kater genug Platz, um sich aus dem Weg zu gehen? Katzen lieben die Höhe gerade weil sie dort relativ geschützt sind. Was zusätzlich versucht werden kann, ist den Findelkater unabhängig vom Bauernhof-Kater durch Spielen zu beschäftigen. Er scheint ein Kater zu sein, der viel Bewegung braucht. Die kann er durch Klickertraining, Gassi gehen oder anderweitiger Beschäftigungbekommen, während mit dem anderen eine Schmuseeinheit eingelegt wird. So wird dem Bauernhofkater bestätigt, dass er nichts zu fürchten hat. Und wenn er sich rundum wohl fühlt, gibt es keinen Grund zu markieren.

Es kann allerdings auch sein, dass das Urinmarkieren mittlerweile schon ein Automatismus ist. Riecht der Bauernhofkater vorher und hinterher an der Stelle, an der er markiert hat? Oder macht er es sozusagen im Vorbeigehen? Wenn letzteres der Fall ist, dann ist eben so wichtig, dass versucht wird, dieses Routineverhalten zu unterbrechen. Es ist schon ein guter Ansatz die Stellen mit Neutralreiniger und Enzymspray zu behandeln. Dabei sollte unbedingt darauf geachtet werden, dass auch wirklich alle Urinspritzer beseitigt sind sowohl an den Möbeln als auch auf dem Boden. Der Kater darf tatsächlich erst wieder zu diesen Stellen Zutritt hat, wenn die Stellen komplett getrocknet sind.

Was danach hilft, ist entweder die Stellen unzugänglich zu machen oder ihnen eine neue Bedeutung zukommen zu lassen. Das heißt im ersten Fall, dass Sie etwas vor die Ecken der Kleiderkästen und Kommode stellen, so dass der Weg zur Markierstelle verwehrt bleibt. Oder dass eine Wachstuchdecke oder etwas ähnlich glattes, wasserabweisendes auf das Bett gelegt wird, so dass es zum einen geschützt und zum anderen als Pinkelstelle nicht mehr attraktiv ist.

Im zweiten Fall bedeutet das, für eine Weile Futter an den Stellen auszulegen. Katzen pinkeln und markieren üblicherweise nicht dort, wo Essen liegt.

Es wird nicht von jetzt auf gleich besser werden mit dem Markieren. Aber wenn es gelingt, aus dem Bauernhofkater ein völlig entspannter Kater ohne Angst und Unsicherheit zu machen, dann klappt das.

Kapitel 2: Gesundheitliche Ursachen

Bei diesen Beispielen steht mit großer Wahrscheinlichkeit (oder mit Sicherheit) eine gesundheitliche Ursache dem Problem Unsauberkeit zugrunde. Neben Problemen mit dem Katzenklo, sind dies die häufigsten Ursachen und sollten immer von einem Tierarzt abgeklärt werden. Welche Erkrankungen dafür in Frage kommen, kannst du im Kapitel „Was kann ich tun, wenn meine Katze unsauber ist“ im ersten Teil dieses Buches nachlesen.

2. Fall: Immer wiederkehrende Unsauberkeit

Eine Katze hat schon seit Beginn immer mal wieder gerne den Flokati als Katzenklo benutzt. Neben dem Katzenklo wurden auch Badteppich und Bettdecke nicht verschont. Nach einiger Zeit der Sauberkeit, fingen die Probleme wieder an und haben sich so zugespitzt, dass dass nun alle 2-3 Tage die Bettdecken gewaschen werden müssen und keine Teppiche mehr liegen.

Mein Lösungsansatz:

Als erstes würde ich mit der Katze zu einem Tierarzt gehen, um Probleme mit Blase oder Niere auszuschließen. Diese Erkrankung kann auch chronisch sein und immer mal wieder auftauchen, was die periodische Unsauberkeit erklären würde.

Ist die Katze doch gesund, dann fängt die Detektivarbeit an:

- Hat sich irgendwas verändert in der Zeit, als sie nicht unrein gewesen ist? Manchmal sind es ja schon Kleinigkeiten wie ein neuer Duft oder ein fremder Besuch oder Weihnachtsgerüche.
- Steht das Katzenklo an einem geeigneten Ort?

- Pinkelt sie nur, wenn der Dosenöffner zu Hause ist oder nur wenn er weg ist? Bei letzterem könnte es ein Hinweis sein, dass sie sich einsam fühlt.

3. Fall: Katzen-Diva oder Hilfeschrei?

Eine 12 Jahre alte Perser Haus-Diva ist total auf ihre Dosenöffnerin fixiert und hat bisher keine Probleme gemacht. Sie ist laut Aussage eines Tierarztes gesund, pinkelt aber seit neuestem andauernd ins Bett immer auf die Seite des Partners der Dosenöffnerin. Grundsätzlich ist das Verhältnis zwischen der Perser-Dame und dem Freund freundschaftlich (Schmusen, Spielen, gemeinsames Einschlafen), trotzdem wird mal morgens, mal abends auf seine Seite des Bettes gepinkelt. Daher darf die Perser-Dame nun tagsüber nicht mehr ins Schlafzimmer. Nachts verschafft sie sich aber durch Maunzen und Kratzen Zutritt.

Die Unsauberkeit besteht seit 2 Wochen und seit vier Tagen hat sie angefangen die ganze Zeit mit dem Schwanz zu peitschen auch wenn sie nur da liegt.

Mein Lösungsansatz:

Zu erst einmal fühlt sich eine Katze, die mit dem Schwanz peitscht, nicht wohl und ist sehr angespannt. Irgendetwas stört sie. Jetzt gilt es nur herauszufinden, was das Problem und ob es ein äußeres (Veränderung o.ä.) oder inneres (Krankheit) ist.

Auch wenn der Tierarzt die Katze eigentlich als gesund befunden hat, würde ich nachhaken wollen: Was ist untersucht worden? Wurde ein Blutbild erstellt? Vielleicht ist da irgendetwas im Kommen, was letzte Woche noch nicht nachweisbar war. Ich würde die Perser-Dame sehr genau beobachten: Trinkt sie mehr als sonst? Isst sie anders? Reagiert sie irgendwo empfindlich auf Berührungen? Schläft sie mehr? Geht dem "Mit dem Schwanz peitschen" irgend etwas voraus?

Unabhängig von dem Verdacht einer Erkrankung, sollten die folgenden Dinge bedacht werden:

Durfte sie sonst tagsüber ins Schlafzimmer? Wenn ja, dann könnte das Schlafzimmerverbot die Ursache sein. Als Schutz kann eine Wachstuchdecke oder etwas ähnliches glattes, wasserabweisendes auf das Bett gelegt werden. Dann könnte die Perser-Dame ins Schlafzimmer, weil das Bett geschützt ist und Katzen außerdem lieber auf weiche, nachgiebige als auf glatte Flächen pinkeln. Vielleicht löst das ihre Anspannung.

Pinkelt sie immer nur an die gleiche Stelle im Bett? Oder einfach nur auf die gleiche Seite? Es gibt Inkontinenzunterlagen, mit denen die Matratze geschützt werden kann. Das löst noch nicht das Problem, macht es aber bis dahin vielleicht händelbarer.

Riecht es an den Stellen nach Essig? Vielleicht war das erste Mal ein Versehen und jetzt möchte sie den Geruch überdecken. Dann sollte ein anderer Reiniger verwendet werden. Etwas mit Zitrone könnte helfen, weil Katzen den Geruch nicht mögen. Es könnte aber auch dafür sorgen, dass sie den Geruch wieder überdecken will. Es kommt auf einen Versuchan. Vielleicht hilft es auch, wenn du ein Katzenklo ins Schlafzimmer stellst. Es könnte sein, dass die alte Dame es nachts nicht mehr bis zum Katzenklo schafft.

Anmerkung: Ich habe diesen Fall bei gesundheitlichen Ursachen eingetragen, weil ich stark vermute, dass doch eine Krankheit zugrunde liegt. Gerade weil angegeben wurde, dass es keinerlei Veränderungen gegeben hat und das Schwanzpeitschen auch ein Anzeichen für Schmerzen sein kann. Chronische Erkrankungen wie chronisches Nierenversagen können oft erst in einem sehr späten Stadium diagnostiziert werden, können aber im Vorfeld schon Unsauberkeit verursachen. Natürlich kann es auch möglich sein, dass es doch eine Veränderung gegeben hat und die Perser-Dame wirklich kerngesund ist.

4. Fall: Ältere Tierheimkatze findet ein neues Zuhause:

Eine 14 jährige Tierheimkatze hat endlich ein neues, liebevolles und großzügiges Zuhause gefunden. Alle ihre Einrichtungen sind neu. Das Klostreu ist naturentwickelt, toilettengerecht abbaubar. Der Kratzbaum steht am Fenster, so dass sie die Straße, Kinder, andere Tiere und Vögel beobachten kann.

Doch leider wurde genau dort ein erstes Häufchchen entdeckt, dem ein zweites und drittes. Der Platz rund um den Katzenbaum wurde mit einem feuchten Küchentuch und Spüli sauber gemacht. Nach dem Trocknen kam eine dicke Schicht Zeitungspaper darauf und dann ihr Futtertablett. Das wurde von der Tierheimkatze angenommen. Doch am nächsten Tag war wieder ein Stück Teppich verschmutzt. Dann war etwas hinter der Küchentür und erneut in der Nähe der alten Stellen. Das kleine Geschäft wird immer in ihrem Klo erledigt. Nach einigen Tagen wurde im Katzenklo ziemlich flüssiger Kot gefunden.

Mein Lösungsansatz:

Sollte es auch in den kommenden Tagen weiter nach Durchfall aussehen, würde ich mit der Katze vorsorglich zum Tierarzt fahren. Vielleicht ist es nur die Aufregung und Futterumstellung, vielleicht ist es aber auch etwas anderes. Und da ist es immer besser lieber einmal zu oft als einmal zu wenig zum Tierarzt zu gehen! Zumal bei einer Tierheimkatze wenig von der gesundheitlichen Vorgeschichte bekannt ist.

Trotz des Wohlgefühles ist so ein Umzug eine große Umstellung für eine Katze, die mit 14 Jahren auch nicht mehr die jüngste ist. Es kann also durchaus sein, dass sie ein Weilchen braucht, um zu bemerken, dass sie nun ein Katzenklo ganz für sich alleine hat und keine Sorgen mehr haben muss, dass sie jemand vertreibt.

Neben dem Rat geduldig zu sein und ihr durch viel Liebe zu zeigen, dass sie Vertrauen haben kann, habe ich noch zwei Tipps:

1. Die Stellen auf dem Teppich gründlich säubern und in Futterstellen umfunktionieren, so wie das ja auch schon beim Kratzbaum geklappt hat. Es ist gar nicht wichtig, dass es ihr Napf oder viel Futter ist, ein paar Brocken auf einem kleinen Tellerchen reichen schon, dass Frau Mietz dort nicht mehr ihr Geschäft erledigen möchte.
2. An die Stellen, wo es möglich ist (beispielsweise hinter der Küchentür), ein weiteres Katzenklo stellen. So lange, bis keine weitere Unsauberkeit mehr auftritt. Es reicht ein flaches Kistchen mit etwas Zeitungspapier und Streu oder aber auch Einmal-Katzentoiletten.

5. Fall: Scheue Hauskatze mit Blasenentzündung

Eine sehr scheue, mittlerweile 12 jährige freiwillige Hauskatze lebt seit dem sie 8 Wochen alt ist bei einer Familie. Sie ist ihr ganzes Leben lang schon unsauber, dh. sie pinkelt auf Badematten und Hochfloor-Teppiche und ab und an auch mal ins Bett. Die Möglichkeit Freigänger zu werden, hat sie auf Grund ihrer Ängstlichkeit nie wahrgenommen. Schon von Kindesalter schreckt sie bei jedem typischen Haushaltsgeräusch zusammen und versteckt sich hinter Möbeln. Sobald sie andere Katzen begegnet, fängt sie an zu fauchen und zu knurren.

Nach ihrem 1. Lebensjahr kam eine Zweitkatze in den Haushalt, die die Möglichkeit genutzt hat und Freigängerin geworden ist. Da sich beide Katzen einfach nicht verstehen, wurde die Möglichkeit einer neuen Wohnung genutzt, die Katzen zu trennen. Die alte Mietze schien sich in der neuen Wohnung richtig wohl zu fühlen. Sie hat artig in ihr Katzenklo gemacht und den Badezimmer-Teppich sowie den Wohnzimmer-Teppich ignoriert. Und dann wurde sie plötzlich doch unrein.

Ein Tierarzt hat festgestellt, dass sie eine Blasenentzündung hat.

Nun ist die Frage: War das der Grund und die Unsauberkeit ist für immer vorbei oder gibt es noch eine andere Ursache, die es zu klären gilt?

Mein Lösungsansatz:

Eine Katze, die ihr Leben lang verunsichert und dadurch unsauber ist, wird nur schwer wieder ganz sauber werden.

Es kann natürlich sein, dass sie an chronischer Blasenentzündung gelitten hat und das auch ein Grund für ihre Unreinheit war. Allerdings vermute ich, dass auch die Ängstlichkeit eine Ursache ist. Daher ist es wohl besser vorbereitet zu sein.

- festere Teppiche kaufen, die nicht so zum Pinkeln einladen
- waschbare Läufer oder Decken besorgen und auf die Pinkelstellen legen. Falls dann wieder etwas daneben geht, können sie einfach ausgetauscht und gewaschen werden

Grundsätzlich ist es ja zwar wichtiger die Ursache zu finden, aber in manchen Fällen ist es genauso wichtig, dass Mensch und Katze sich mit der Unsauberkeit bestmöglich arrangieren. Das bringt Ruhe und Entspannung in die Beziehung Mensch-Katze und den Alltag. Und gerade bei einer ängstlichen Katze ist das enorm wichtig.

Kapitel 3: Veränderungen als Ursache

Katzen sind Gewohnheitstiere. Oder welcher Dosenöffner hat noch nicht innerlich laut geflucht, wenn die Samtpfote auch am Wochenende auf die Minute genau um 6 Uhr morgens vor dem Bett steht und auf ihr Futter beharrt?

Änderungen an Gewohnheiten seien es zeitliche Abläufe, fremde Gerüche oder Geräusche oder gar das Ändern der Reviergrenzen (beispielsweise durch neue Möbel oder gar eine andere Wohnung) können bei Katzen zu großer Unsicherheit führen. Diese kann sich dann in Unsauberkeit ausdrücken.

6. Fall: Geschwisterliebe oder Katzenhiebe?

Ein Katzengeschwisterpaar (männlich und weiblich, 3 Jahre alt) lebte bisher in Harmonie. Doch seit einiger Zeit pinkelt die Katze mittlerweile täglich in unseren Flur (auf die Fliesen). In der Regel vormittags wenn keiner zu Hause ist und in der Nacht. Bisher standen zwei Katzenklos im Keller, die ruhig und leicht zugänglich sind. Nachdem die Unsauberkeit aufgetreten ist, wurde noch zusätzlich ein Klo im Erdgeschoss aufgestellt. Das interessiert die Katzendame aber nicht sonderlich, denn das zusätzliche Katzenlo steht nur ca. 3 Meter von der Stelle entfernt wo sie im Flur immer wieder hinpinkelt.

Ansonsten ist es auffällig, dass sich die Geschwister in letzter Zeit vermehrt streiten (bis die Wolle fliegt). Das Katzenmädchen fängt in der Regel mit dem Streit an und ist dem Kater in keiner Weise unterlegen.

Als Veränderungen wurden erkannt, dass einer der Dosenöffner eine Stunde am Tag länger arbeitet. Außerdem fahren die Dosenöffner 4 Mal im Jahr in den Urlaub, haben dann aber immer dieselbe Person zum Füttern.

Mein Lösungsansatz:

Wenn das Urinieren angefangen hat, nachdem länger gearbeitet wurde oder nach einem Urlaub, dann könnte beides eine Ursache sein. Durch Geduld und noch mehr Aufmerksamkeit in der Zeit, in der die Dosenöffner zu Hause sind, lässt sich dort Abhilfe schaffen.

Als Übergangslösung könnte das Katzenklo direkt auf die Stelle positioniert werden, an die gepinkelt wird. Das funktioniert allerdings nur, wenn das Katzenklo überhaupt genutzt wird. Sollte das Katzenmädchen gar nicht mehr ins Katzenklo gehen, könnten versucht werden mit dem Deckel zu variieren. Vielleicht möchte sie jetzt einen oder eben keinen mehr in ihrem Katzenklo…

Ist es nicht möglich, das Katzenklo direkt dort zu positionieren, dann kann die Stelle mit Alufolie oder einer Wachstischdecke abgedeckt werden. Eigentlich mögen Katzen nicht auf glatte und knisternde Stellen urinieren.

Eine weitere Frage, die sich stellt, ist die nach anderen Verhaltensauffälligkeiten der Katze, die darauf hindeuten, dass sie krank sein könnte. Katzen sind Meister im Verschleiern von Symptomen! Daher ist es immer sinnvoll, mit der Katze einen Tierarzt aufzusuchen, um eine organische Ursache ausschließen zu können. Eine bisher unentdeckte Erkrankung wäre auch eine mögliche Erklärung für die Streitereien.

7. Fall: My home is my castle oder wie Sensibelchen mit Umzügen umgehen

Zwei Katzenkumpels, 4 und 7 Jahre alt sind mit ihren Dosenöffnern in eine neue Wohnung gezogen. Dort gibt es viel Platz, täglich saubere Katzenklos und abgesehen von diesem Umzug keinerlei Veränderung.

Nach einiger Zeit der Harmonie, wurde auf einmal auf den seit dem Einzug liegenden Teppich im Wohnzimmer gepinkelt. Dieser wurde daraufhin gereinigt und mit Zitrone beträufelt, was ihn aber nicht vor weiterem „bepinkelt werden“ geschützt hat.

Da der ältere der beiden Katerkumpel ein sehr sensibles Gemüt hat und mit Protest oder Krankheit reagiert, wird der Verdacht auf ihn gelenkt.

Mein Lösungsansatz:

Wenn unsere Stubentiger Sensibelchen sind, dann kann es schon sein, dass bei ihnen eine Kleinigkeit sozusagen das Fass zum Überlaufen bringt und sie mit Unsauberkeit „protestieren". Dabei ist das Protestieren weniger als bewusste Handlung nach dem Motto „Mir gefällt die Situation nicht, also pinkle ich Dir auf den Teppich, damit Du das merkst" zu verstehen. Vielmehr ist sie ein Ausdruck des gefühlten Leids oder der Unsicherheit.

Die Lösung sind besonders viel Liebe und Aufmerksamkeit. Ich denke, dass er sich dann schnell wieder beruhigen wird.

Falls es in der Zwischenzeit noch öfter vorkommt, kann auf die Stelle vorübergehend entweder eine Inkontinenzunterlage gelegt oder ein Einmal-Katzenklo gestellt werden.

Sollte der Kater nicht bald mit der Unsauberkeit aufhören oder sich ruhiger verhalten als sonst oder weniger Appetit haben, dann würde ich unbedingt mit ihm zum Tierarzt gehen.

8. Fall: Veränderungen, nicht als Veränderungen!

Ein vierjähriger Kater hat in relativ kurzer Zeit ziemlich viele Veränderungen erfahren müssen:

Zuerst der Umzug in einen Haushalt mit Hund, der sich allerdings als Freund entpuppte. Nach relativ kurzer Zeit verstarb der neue Hundekumpel und wenige Monate danach kam es zu einem erneuten Umzug in ein großes Haus und zeitgleich die Geburt eines Kindes.

Nach der Wiederaufnahme der Berufstätigkeit der Mutter begann die Unsauberkeit: der Kater macht sein großes Geschäft nicht mehr ins Katzenklo sondern immer genau davor. Das kleine Geschäft wird noch auf dem Katzenklo erledigt und es wurde auch ein zweites Katzenklo ohne Deckel sowie anderes Katzenstreu versucht. Beides ohne Erfolg.

Nach dem Versuch das Katzenklo genug auf die Stelle zu stellen, wo die Unsauberkeit passiert, wurde der Kot zwar in das Katzenklo gesetzt. Dafür hat er aber an die Stelle wo sein Klo vorher stand gepinkelt.

Mein Lösungsansatz:

Das sind ziemlich viele Veränderungen in relativ kurzer Zeit gewesen für den Kater. Ich vermute dass es sich um Unsauberkeit oder auch Kotmarkieren aus Unsicherheit heraus handelt. Vielleicht in Kombination mit einem ungeliebten Katzenstreu. Sicherlich kann aber ebenso auch eine körperliche Ursache verantwortlich sein.

Daher stellen sich die Fragen:

- Ist der Kater sonst irgendwie verändert?
- Frisst er weniger oder ist sein Fell stumpf?
- Dann sollte beim Tierarzt abgeklärt werden, ob gesundheitlich alles in Ordnung ist.
  Helfen könnte auch, ihn zu beobachten, wenn er sein großes Geschäft macht:

- Geht er ins Klo und scharrt und setzt sich dann vor das Kästchen?
- Oder geht er erst gar nicht hinein?

Wenn er erst einmal in das Klo geht und scharrt und tut und dann sozusagen beim Rauslaufen vor das Klo macht, dann könnte das auf (leichte) Verstopfungen hinweisen. Dagegen hilft regelmäßig Öl oder Butter ins Futter geben.

Ein weiterer Lösungsansatz wäre die Anschaffung eines größeren Katzenklos oder das Ausprobieren eines weicheren Katzenstreus beispielsweise aus Mais oder Pflanzenfasern. Das große Geschäft dauert ja nun einmal etwas länger als das kleine und vielleicht stört den Kater das Katzenstreu beim Pullern nicht, aber beim Kot absetzen schon.

Bei sehr empfindlichen Katzen kann es auch helfen, auf das Katzenstreu Haushaltsrolle zu legen, damit es nicht so an den Pfoten kratzt.

Kapitel 4: Soziale Ursachen (Stress mit oder durch Mit-Katzen)

Nicht immer ist alles Friede, Freude, Eierkuchen. Auch unter Katzen können Situationen auftreten, die Stress verursachen. Wir mögen schließlich auch nicht jeden. Und Katzen können sich in der Regel nicht aussuchen, mit welchem Artgenossen sie ihr Revier teilen.

9. Fall: Ich kann dich einfach nicht riechen!

Einer knapp 2jährigen Katze stinkt es. Seit sie ihr Revier und das Katzenklo mit einem Artgenossen teilen muss, macht sie sowohl ihr kleines als auch das große Geschäft im ganzen Haus verteilt an verschiedenen Stellen - nur nicht mehr in Katzenklo. Es sei denn, dieses ist frisch gemacht. Sobald etwas drin ist, ob von der anderen Katze oder von ihr, macht sie daneben.

Mein Lösungsansatz:

Die erste Katze macht mit ihrem Verhalten recht deutlich, dass das IHR Revier ist und dass es ihr nicht so ganz passt, dass da jetzt noch eine Katze mit im Haus ist.

Da sie in das saubere Katzenklo macht, ist mein Tipp: mehr Katzenklos aufstellen! Und zwar so viele, dass sie immer die Möglichkeit hat in ein sauberes Katzenklo zu gehen. Ich würde tatsächlich versuchen an jede Stelle, an die die erste Katze hin macht ein Kistchen mit Katzenstreu hinzustellen. Es muss ja nicht gleich ein ganzes Katzenklo sein und ist nicht als Dauerzustand gedacht. Aber nur so kann dem Stubentiger deutlich gemacht werden "Ich habe Dich verstanden und respektiere Deinen Wunsch".

Wichtig ist: bloß nicht schimpfen und der ersten Katze damit noch mehr Sicherheit nehmen, sondern bewusst loben, wenn sie ins Katzenklo geht und ganz viel Kuscheln. Sie darf nicht das Gefühl bekommen, dass “ihr” Mensch nicht mehr ihr Mensch ist!

Wenn sie sich dann nach einer Zeit an die Situation mit der zweiten Katze gewöhnt hat und nichts mehr daneben geht, dann können die Anzahl der Kistchen langsam reduziert werden.

10. Fall: Freundlicher Kater findet selbstbewusste Katzendame - Zukunft ungewiss

Ein freundlicher, liebebedürftiger Kater (ca. 10 Jahre alt) lebt 4 Jahre lang mit seinem Frauchen in einer Wohnung zusammen. Die beiden teilen sich ein Hochbett und verbringen im Winter Saisonbedingt viel Zeit mit Kuscheln, Schmusen und Spielen. Da die übrigen Monate sehr einsam für den nunmehr etwas in die Jahre gekommenen Kater sind, wurde der Versuch einer Zusammenführung gewagt. Nachdem der erste Versuch abgebrochen werden musste, zog nun eine selbstbewusste Katzendame ungefähr gleichen Alters in die ehemals ruhige Wohnung ein. Nach anfänglicher Skepsis beiderseits wurde ein vorsichtiger Waffenstillstand geschlossen. Katzenklos wurden von Beiden regelmäßig benutzt, gefüttert wurde getrennt, da die neue Katzendame sich als total verfressen herausstellte.

Doch eines Abends, nachdem das Hochbett frisch bezogen worden war, passierte es: das Bett war nass! Da der freundliche Kater tagsüber sehr viel Zeit im Bett verbringt, lenkte das den Verdacht direkt auf ihn.

Anstatt mit Verärgerung zu reagieren, wurde der Kater in den letzten Tagen bevorzugt, zuerst begrüßen, zuerst gefüttert und doch erschien er sehr verunsichert, teilweise ängstlich zu sein. Auch wenn das Miteinander mit der Zeit immer harmonischer wird (spielen, jagen, schmusen, kuscheln und sich die Couch teilen) passiert jede Nacht im Bett ein Malheur. Alles andere bleibt verschont, die drei Katzenklos werden regelmäßig aufgesucht und doch ist nachts das Bett nass.

Mein Lösungsansatz:

Diese Unsauberkeit wird wahrscheinlich tatsächlich durch das erhöhte Stresslevel verursacht worden sein. Das der Kater etwas verunsichert ist, ist normal. Schließlich war er jahrelang alleine. Stell dir vor, du hättest auf einmal einen neuen Mitbewohner, mit dem du dich arrangieren musst. Dann wärst du auch erst einmal verunsichert.

Wahrscheinlich wird diese Situation noch durch das Hochbett verschärft. Ich vermute, dass sich der Kater nachts nicht herunter traut, weil er Angst hat seinen Platz neben dem Frauchen an die forsche Katzendame zu verlieren.

Falls die Möglichkeit besteht, dann sollte dort oben im Hochbett ein kleines Kistchen aufgestellt werden. Das ist vielleicht etwas gewöhnungsbedürftig, aber sicherlich sinnvoll. Zumindest für die Zeit, die der Kater braucht, um sich vollkommen an die Situation zu gewöhnen und sich wieder ganz wohl und sicher in seiner Haut zu fühlen.

Nach einiger Zeit erreichte mich die erfreuliche Nachricht, dass die Idee mit dem Katzenklo im Hochbett tatsächlich Erfolg gehabt hat. Die Unsauberkeit verschwand und nach einiger Zeit konnte die Kiste wieder entfernt werden.

Kapitel 5: Ursachen bei jungen Katzen

In Anlehnung an das Kapitel über sehr junge oder sehr alte Katzen findest du hier Beispiele für Unsauberkeiten, die durch eine mangelnde Sozialisation verursacht worden sind. Entweder handelt es sich hier um Kätzchen, die zu früh abgegeben worden sind oder um solche, die nicht als Wohnungskatzen mit einem Katzenklo aufgewachsen sind. Bei beiden braucht es ein wenig mehr Geduld, aber auch sie können saubere und sozialisierte Katzen werden.

11. Fall: Katzenkitten und Unsauberkeit

Zwei kleine, 13 Wochen alte Kitten sind seit einer Woche bei ihren neuen Dosenöffnern. Sie benutzen brav ihr Katzenklos (eins mit und eins ohne Deckel) - aber nachts pinkeln sie doch auch mal auf die Couch. Nun ist die Angst groß, dass daraus eine stärkere Unsauberkeit wird und neben der Couch auch das Bett dran sein könnte.

Mein Lösungsansatz:

Es gibt keinen Grund zu verzweifeln! 13 Wochen alte Kitten sind im Grund genommen wie kleine Kinder. Wenn etwas aufregendes (wie in diesem Fall die neue Umgebung) passiert, dann kann schon mal etwas in die Hose bzw. in diesem Falle daneben gehen! Das heißt aber nicht, dass sie grundsätzlich unsauber werden. Insbesondere, wenn sie sonst die Katzenklos benutzen.

Um die Couch nachts unattraktiv zu machen, ist etwas glattes oder knisterndes auf der Stelle wie beispielsweise eine Wachstuchdecke oder auch Alu- oder Frischhaltefolie sinnvoll. Dann kommen die beiden Kleinen nicht mehr in Versuchung hin zu pinkeln.

Ansonsten hilft ein bisschen Geduld und Liebe. Für die beiden ist es ein komplett neuer Lebensabschnitt und da müssen sie sich auch erst einmal daran gewöhnen.

12. Fall: Junge Katzen vom Bauernhof finden neues Zuhause

Zwei noch kein Jahr alte kastrierte Kater von einem Bauernhof leben nun in einer Wohnung mit 3 Katzenklos. Einer der beiden macht von Anfang an ins Bett oder auf Kleidung, sobald diese rum lag und auf Decken, die auf der Couch liegen. Es handelt sich nur um pinkeln, das große Geschäft ist immer im Klo. Die beiden sind vom selben Bauernhof, hatten dort zwar eine Art Katzenklo, konnten sich aber frei bewegen und in der Natur überall hinmachen.

Zwischen den beiden Bauernhof-Katern ist die Stimmung gut. Es wird sich gegenseitig geputzt, geschmust und gerauft - dem Alter entsprechend kann es aber auch etwas zur Sache gehen. Dabei scheint der unsaubere Kater immer den kürzeren zu ziehen.

Mein Lösungsansatz:

Da das Katerchen tatsächlich von Anfang immer wieder daneben gemacht hat, könnte es sein, dass er nicht richtig gelernt hat ein Katzenklo zu benutzen. Vielleicht vermisst er aber auch den weicheren Untergrund, den eine moosige Wiese beispielsweise bietet. Ist das der Fall, könnte es helfen weicheres Katzenstreu zu verwenden, das nicht so an den Pfötchen kratzt. Oder über das Katzenstreu etwas weicheres zu legen wie Küchenpapier, Inkontinenzunterlagen oder ähnliches. Denn es könnte ja sein, dass dem Katerchen noch nicht ganz klar ist, dass die weichen Unterlagen in der Wohnung keine Katzentoiletten sind. Für die Zeit der Unsauberkeit hilft da nur konsequentes Vermeiden weicher Unterlagen: Kleidung, Handtücher, Teppiche hoch nehmen, Betten und Couch durch glatte Überzüge schützen.

Ganz wichtig ist auf jeden Fall ihn immer wieder zu loben, wenn er ins Katzenklo geht. Und wenn ihr ihn auf frischer Tat ertappt nicht viel Schimpfen, sondern ihn mit einem scharfen "Nein" hochnehmen und ins Katzenklo setzen. Das Schimpfen kann eine Katze nicht einordnen und kann nur zu zusätzlicher Unsicherheit führen.

Vielleicht fühlt sich der Kleine aber auch genötigt ständig sein Revier zu markieren, wenn er ja als zweiter in die Wohnung dazu gekommen ist. Da hilft viel Geduld. Je älter die zwei werden, desto gefestigter wird ihre Rollenverteilung sein und desto weniger wildes Spiel brauchen sie. Unterstütz werden kann das durch getrennte Aufmerksamkeit: mit dem größeren wird getobt, mit dem kleineren, unsauberen in dieser Zeit geschmust.

13. Fall: Unkastrierte Katze aus schlechtem Elternhaus

Eine kleine, halbjährige, unkastrierte Katze wird aus einem schlechten, dreckigen Elternhaus gerettet. Da die Mieze sehr ängstlich ist und sich kaum anfassen lässt, wird beschlossen noch einen Artgenossen dazu zu holen, damit sie Vertrauen fassen kann. Der Plan geht auf und beide Katzendamen werden zutraulicher und freundlicher.

Doch nach der ersten Rolligkeit fängt die Unsauberkeit an: es wird zwar auch das Katzenklo benutzt, aber auch mal hierhin, mal dorthin gepinkelt. Bevorzugt werden dabei getragene Kleidung, die auf dem Boden liegt oder die Decken auf dem Sofa.

Mein Lösungsansatz:

Das Pinkeln auf die getragenen Sachen deutet auf ein Markierverhalten hin. Da gerade getragene Sachen meistens sehr intensiv nach Mensch und wenig nach Katze riechen, möchten insbesondere sehr unsichere Katzen es sich dadurch etwas heimeliger machen. Da die Katze in ihrem jungen Leben schon eine Menge mitgemacht hat, liegt der Verdacht einer Unsicherheit nahe.

Meine wichtigste Empfehlung: Eine möglichst zeitnahe Kastration, um ihr den Stress einer weiteren Rolligkeit zu ersparen. Daneben sollte durch liebevollen Umgang und viel Aufmerksamkeit das Selbstbewusstsein der kleinen Katzendame gestärkt werden.

Da die Unsauberkeit beziehungsweise das Markieren insbesondere auf getragene Sachen passiert, wäre es einen Versuch wert, ein benutztes, altes Handtuch in das Katzenklo oder an anderer Stelle in die Wohnung zu legen. Vielleicht reduziert sich das Markieren dann auf diese Stellen.

14. Fall: Katzensenior findet den Weg nicht mehr

Eine mittlerweile 18 jährige Katzendame pinkelt seit einiger Zeit nicht mehr nur in ihr Klo, sondern auch ins Bett. Ihre Besitzerin arrangiert sich mit der Situation und legt Inkontinenzunterlagen auf der Bettseite der Katzendame aus.

Leider werden neben diesen Unterlagen auch die Fußmatten im Badezimmer sowie herumliegende Wäsche bepinkelt. Die beiden Katzentoiletten werden streng nach großem und kleinen Geschäft getrennt benutzt.

Mein Lösungsansatz:

Es ist oftmals so, dass Katzen im Alter (und 18 Katzenjahre sind so wie ca. 87 Menschenjahre) ihren Harn nicht mehr so gut halten können. Im Grunde genau wie auch bei uns Menschen: die Nerven und Muskulatur sind nicht mehr die stärksten und jüngsten, so dass der Harndrang oftmals erst spät erkannt wird und dann auch schlecht angehalten werden kann. Das Laufen ist beschwerlicher und so ist es leichter sich einen neuen Platz zu suchen als den ganzen weiten Weg bis zur Toilette zu laufen (gerade nachts!). Dazu beginnen die Organe auf Grund des Alters langsam an zu versagen, was außerdem zu dem Problem beitragen kann, weil es auch die Entstehung eines

Harnweginfektes begünstigt.

Was neben den Dingen, wie Inkontinenzunterlagen und nichts mehr liegen lassen, helfen kann, sind mehr Katzenklos. Wenn diese in der gesamten Wohnung verteilt werden, ist der Weg zu einem nicht mehr so weit. Dabei ist darauf zu achten, dass die Katzenklos einen tiefen Einstieg haben. Schließlich ist Katze mit 18 Jahren kein Hochleistungssportler mehr. Wer schon einmal – egal ob alt oder jung – richtig schlecht zu Fuß war, weiß ja auch eine bodentiefe Dusche zu schätzen. Ich will damit nur sagen: Man kann es seiner Katze mit ein paar einfachen Tipps und Tricks auch im Alter noch erleichtern sauber zu bleiben. Weil im Grunde genommen mögen auch Katzen gerne saubere und hygienische Zustände und pinkeln nicht gerne wo anders hin als in ihr Katzenklo.

Kapitel 6: Das Katzenklo als Ursache

Wie schon im Kapitel über das Stille Örtchen beschrieben, sind Probleme mit oder rund um das Katzenklo die häufigste Ursache für eine Unsauberkeit bei Katzen. Das gilt auch, wenn die Probleme erst irgendwann auftreten und zu diesem Zeitpunkt nichts am Katzenklo verändert worden ist. Denn Störendes kann lange ignoriert werden und bei einem zusätzlichen Stressfaktor dann doch der Tropfen sein, der das Fass zum Überlaufen bringt.

15. Fall: Katzenhorde mit Frostbeule

In einem Haushalt leben sechs Freigänger-Katzen, die alle miteinander verwandt sind. Sie können, je nachdem wie es ihnen gefällt, ins Haus oder ins Freie. Mittlerweile sind alle Katzen kastriert, um die Gang nicht noch zu vergrößern. Eine der ursprünglich aufgenommenen (damals schwangeren) Katzen, mag den Winter nicht. Den Sommer verbringt sie nahezu komplett draußen, aber bei Kälte ist ihr das unangenehm. Dann nutzt sie auch keines der drei vorhandenen Katzenklos, sondern pinkelt auf alle Textilien und Schuhe, die auf dem Boden liegen, auf die Fliesen vor dem Kamin und im Flur. Sie fällt auch dadurch auf, dass sie sich sehr verschmust zeigt und irgendwann plötzlich übellaunig wird. Wer dann nicht aufhört, sie zu streicheln, bekommt ihre Krallen zu spüren.

Mein Lösungsansatz:
Ich vermute, da die die Unsauberkeit nur im Winter auftritt und sie im Sommer nur draußen ihr Geschäft verrichtet, dass ihr die Situation "stinkt". Sprich, dass ihr nicht genug saubere oder ruhige Katzenklos zur Verfügung stehen. Sie scheint nach den Schilderungen eine sehr charakterstarke Katze zu sein, die

genau zeigt, was sie mag und was nicht. Und da könnte sie mit ihrer Unsauberkeit auch ausdrücken "Die Katzenklo-Situation passt mir nicht. Sonst habe ich immer genug weiche, ruhige Stellen zur Verfügung, aber jetzt im Winter weiß ich mir nicht anders zu helfen, als mir schnell Stellen im Haus zu suchen.".

Meine Empfehlung wäre es, mehr und verschiedene (mit oder ohne Deckel, flachere, höhere) Katzenklos aufzustellen. Diese sollten zum einen an den Stellen stehen, an denen sie pinkelt und zum anderen an möglichst ruhigen Orten mit genügend Fluchtmöglichkeiten. Mit den verschiedenen Arten Katzenklo würde ich auch verschiedene Arten Katzenstreu verwenden und dabei vor allem weichere Sorten (Maisstreu oder Pflanzenfasern) verwenden. Vielleicht hilft auch eine Kiste mit Erde.

Es ist nun einmal so, dass Katzen nicht aus Böswilligkeit unsauber sind, sondern damit immer eine Unzufriedenheit ausdrücken wollen.

16. Fall: Überfall auf dem Katzenklo

Zwei schon etwas ältere, aber gesunde Katzendamen teilen sich einen Haushalt mit einer Familie mit einem kleinen Kind. Beide haben sich von kleineren Streitereien abgesehen miteinander und dem Lautpegel, der durch das Baby verursacht worden ist, abgefunden. Auch ein Umzug konnte ihre Stimmung scheinbar erst nicht kippen.

Doch eine Weile nach dem Umzug (das Kind war zu dem Zeitpunkt bereits fast vier Jahre alt) hat eine der beiden Katzendamen angefangen ihr großes Geschäft in der Badewanne zu erledigen. Zuvor wurde ein „Kloüberfall" beobachtet: Die unsaubere Katzendame verrichtete gerade ihr Geschäft, als die andere davor aufgetaucht und sie nicht mehr aus dem Klo gelassen hat.

Daraufhin wurden vom Frauchen drei größere Klos besorgt. Wenn diese frisch gemacht sind, dann werden sie anstandslos genutzt. Öfter wird aber die Badewanne zum Klo auserkoren.

Wie oft noch „Kloüberfälle“ stattfinden, ist nicht geklärt.

Mein Lösungsansatz:

Die erste Frage, die sich mir stellt: haben die Katzenklos Deckel? Wenn ja, würde ich als erstes versuchen diese zu entfernen. Denn dass die Katzendame in die Badewanne kackt, zeigt, dass sie grundsätzlich weiß, wo sie hin soll (ich gehe davon aus, dass die Katzenklos im Bad stehen). Es kann nur auf Grund der beschriebenen Situation mit der anderen Katze (und den vielen Veränderungen) sein, dass sie sich in einem geschlossenen Klo nicht mehr sicher fühlt. Deswegen macht sie in die Wanne, weil sie dort mehr Möglichkeiten zur Flucht hat und besser sieht, was passiert. Außerdem sorgt ein Deckel auch dafür, dass es intensiver in dem Katzenklo riecht, was ihr im wahrsten Sinne des Wortes stinken könnte. Denn das große Geschäft dauert nun einmal länger als reines Pinkeln. Dadurch verbringt die Katzendame beim Koten mehr Zeit im Katzenklo und dabei ist die “Geruchsbelästigung” stärker und auch die Gefahr größer, dass die andere Katze sich heranschleicht. Ohne Deckel wären diese möglichen Ursachen schon mal eliminiert.

Erfreulicherweise habe ich nach einiger Zeit erfahren, dass das Problem tatsächlich durch ein offenes und strategisch günstig platziertes Katzenklo behoben werden konnte. „Kloüberfälle“ sind unter Katzen relativ häufig. Sie müssen nicht direkt zu Unsauberkeit führen, aber bei unsicheren Katzen oder wenn noch ein anderer Auslöser dazu kommt, kann das möglich sein. Es ist eines der Dinge, die am leichtesten gelöst werden können.

17. Fall: Ich trau mich einfach nicht…

Zwei Katzen leben gemeinsam mit ihrem Dosenöffner in einer Wohnung. Sie sind nicht die besten Freunde, tolerieren aber die Anwesenheit des anderen. Auch einen Wechsel von Katzenklos und Katzenstreu wurde akzeptiert.

Eine der beiden Katzen ist nun zum wiederholten Male unsauber gewesen. Beim ersten gab es eine Party und die Katze hatte sich ins Schlafzimmer verzogen - wo das Malheur dann passierte. Beim nächsten Mal kam der Dosenöffner wiederholt spät nach Hause.

Nun wird mehr oder weniger regelmäßig in die Badewanne gekotet.

***Mein Lösungsansatz*:**

Katzen sind Gewohnheitstiere und es könnte durchaus möglich sein, dass sie das neue Katzenstreu zwar im Alltag toleriert, aber es sie verunsichert und zuviel wird, sobald noch eine Veränderung dazu kommt (Besuch oder Änderung des Tagesrhythmus). Daher würde es helfen, das Katzenstreu wieder zum alten zu wechseln.

Für den Fall einer erneuten Party, kann eine Unsauberkeit vermieden werden, indem ein Ersatz-Katzenklo ins Schlafzimmer gestellt wird. Denn eine Katze kann nur in Ruhe ihr Geschäft verrichten, wenn sie sich sicher genug fühlt.

Daher sollte beim Aufstellen der Katzenklos außerdem darauf geachtet werden, dass sie „Überfall-sicher“ sind. Gerade da die beiden Katzendamen nicht die allerbesten Freunde sind, könnte es sein, dass „Kloüberfälle“ stattgefunden haben oder stattfinden. Wenn also eine Katze die andere auf dem Klo “überfallen” hat, dann ist das jetzt kein sicherer Ort mehr, um in Ruhe sein Geschäft zu verrichten. Also werden sich Alternativen gesucht. Ein Katzenklo ohne Deckel hilft dahingehend, dass der Stubentiger einen besseren Überblick hat und mehr Fluchtmöglichkeiten.

Kapitel 7: Andere Ursachen

In diesem Kapitel habe ich die Fallbeispiele aufgenommen, bei denen zahlreiche Ursachen in Frage kommen oder wo die Ursachen nicht in die zuvor genannten einzuordnen sind. Denn nicht immer kann die eine Ursache gefunden oder benannt werden.

18. Fall: Nein, nein, nein

Drei Tierheimkatzen haben eine neues, liebevolles Zuhause gefunden. Sie sind sowohl miteinander als auch mit der Katzenklo-Situation zufrieden. Doch dann muss eine der drei auf Grund einer Augenerkrankung zum Tierarzt. Leider endet der Einfangversuch traumatisch. Seitdem nutzt die Mieze nur noch sporadisch die Katzentoiletten und auch im Katzentrio fliegen die Fetzen. Die Situation erscheint hoffnungslos.

Mein Lösungsansatz:

Nach einem so traumatischen Erlebnis, wie einem Einfangen und anschließendem Tierarztbesuch, fühlt sich die Katze gerade überhaupt nicht mehr wohl in ihrer Haut und auch nicht mehr sicher in der Wohnung. Deswegen faucht sie die anderen Katzen auch an und geht nicht mehr auf das Katzenklo. Denn um ein Katzenklo zu nutzen, braucht eine Katze Ruhe und Sicherheit. Sie macht sich im Grunde genommen in dem Moment auf dem Klo angreifbar. Und das ist das letzte, was eine traumatisierte Katze möchte. Was also getan werden kann, ist der traumatisierten Katze ihre Sicherheit wieder zurück zu geben. Wie machst du das?

- Überlege ganz kritisch, ob sie genügend Rückzugsmöglichkeiten hat. Hat sie die Möglichkeit sich auf einen erhöhten Platz in eine gut zu verteidigende Höhle zurück zu ziehen und von da leicht auf ein Katzenklo ohne Deckel zu kommen?

- Schau genauso kritisch auf die Toilettensituation: Gibt es genügend Katzenklos (mindestens 4, im Moment besser mehr) und sind diese "überfallsicher"? Gerade wenn es ein bisschen Stress unter den Katzen gibt, besteht die große Wahrscheinlichkeit, dass sie einander auf dem Katzenklo überfallen, also davor warten während die andere Katze ihr Geschäft erledigt und diese dann davon verjagen. Das hilft natürlich nicht, das Trauma der Katze zu überwinden. Dagegen helfen Katzenklos, die keinen Deckel haben und nicht in irgendeiner Ecke stehen (bessere Übersicht und mehr Fluchtmöglichkeiten).
- Zusätzlich dazu braucht die Katze jetzt ganz viel Liebe und Aufmerksamkeit.

Die Überwindung eines Traumas braucht ein bisschen Zeit und Geduld. Danach sollte sich die Situation wieder entspannen.

19. Fall: Badezimmerteppich oder Katzenklo?

Zwei Katerbrüder leben in einer Wohnung mit drei Katzenklos in verschiedenen Ausführungen (mit und ohne Deckel und eine Ecktoilette). Sie sind damit sehr zufrieden und nutzen sie fleißig. Nur einer der Kater nutzt schon von Beginn an auch den Badezimmerteppich. Nachdem dieser abgeschafft worden ist, war lange Zeit Ruhe, doch jetzt wird auf einmal das Sofa als Katzenklo benutzt. Warum nur?

Mein Lösungsansatz:

Badezimmerteppiche sind für Katzen gern genommene Toilettenalternativen. Es scheint, dass sie bereits nach kurzer Benutzung durch den Menschen für Katzen ähnlich wie ein Katzenklo riechen. Insofern ist bei einer so geruchsempfindlichen Katze die Lösung, die Badematten zu entsorgen, richtig. Eine neue Matte sollte in der Zeit der

Nichtbenutzung hoch genommen werden.

Nun zum Sofa: Ich vermute auf Grund des großen zeitlichen Abstandes, dass der Unsauberkeit ein anderes Problem zugrunde liegt. Dabei stellen sich die üblichen Fragen:

- Hat sich irgendetwas verändert in der Wohnung oder im Leben? Irgendetwas, was den Kater gestresst haben könnte?
- Nutzt er das Sofa zusätzlich oder ausschließlich? Also geht er überhaupt noch auf die Katzentoiletten? Wenn nicht, dann stört ihn dort etwas ganz gewaltig!
- Sind die beiden Katerchen kastriert? Und konnte beobachtet werden, ob es tatsächlich ein Pinkeln oder vielmehr ein Markieren ist?

All diesen Fragen gilt es auf den Grund zu gehen. Denn selten haben wiederkehrende Unsauberkeiten nur eine Ursache. Gerade bei nur sporadisch auftretenden Fällen, können es unabhängig davon vorkommende Ereignisse sein, die eine Unsauberkeit auslösen. Diese gilt es zu finden und auszuschalten.

Nun bist du am Ende dieses Ratgebers für (un)saubere Katzen angekommen. Ich hoffe, dass er Dir geholfen hat, wieder mehr Harmonie in das Zusammenleben mit Deinem Stubentiger zu bringen.

Wenn Dir dieses Buch gefallen und/oder geholfen hat, freuen ich und andere hilfesuchende Dosenöffner sich über eine Rezension bei Amazon.

Bist Du an weiteren Tipps rund um unsere Stubentiger interessiert?
Dann besuch meine Webseite und trage dich für den Newsletter ein:
www.haustiermagazin.com/newsletter/

Hier bekommst du in regelmäßigen Abständen Tipps für ein harmonisches Zusammenleben, Wissenswertes rund um Katzen und Spartipps rund um Katzenzubehör.

Printed in Poland
by Amazon Fulfillment
Poland Sp. z o.o., Wrocław

34686418R00051